U0150626

读红楼
玩数学

DU HONG LOU WAN SHU XUE

欧阳维诚 著

CNS PUBLISHING & MEDIA 中南出版传媒
湖南教育出版社
·长沙·

图书在版编目（CIP）数据

读红楼玩数学/欧阳维诚著. —长沙：湖南教育出版社，2023. 5
ISBN 978-7-5539-9342-3

Ⅰ. ①读… Ⅱ. ①欧… Ⅲ. ①数学—青少年读物 Ⅳ. ①O1-49

中国版本图书馆 CIP 数据核字（2022）第 228574 号

读红楼玩数学

DU HONGLOU WAN SHUXUE

欧阳维诚 著

责任编辑：邹伟华
责任校对：崔俊辉
出版发行：湖南教育出版社（长沙市韶山北路 443 号）
网　　址：www. bakclass. com
微 信 号：贝壳导学
电子邮箱：hnjycbs@sina. com
客　　服：0731-85486979
经　　销：全国新华书店
印　　刷：湖南贝特尔印务有限公司
开　　本：710 mm×1000 mm　16 开
印　　张：12. 75
字　　数：240 000
版　　次：2023 年 5 月第 1 版
印　　次：2023 年 5 月第 1 次印刷
书　　号：ISBN 978-7-5539-9342-3
定　　价：40. 00 元

序

湖南教育出版社数学教材部提出了“中华传统文化与数学”这个选题，计划以中国古典小说四大名著中一些脍炙人口的故事为载体，在欣赏其中的人文、科技、哲理、生活等情境的同时，以数学的眼光解读那些平时不太被人们注意的数学元素，从中提炼出相应的数学专题(包括数学问题、数学思想、数学方法、数学模型、数学史话等)，编写一套别开生面的数学科普读物，通过妙趣横生的文字，文理交融的手法，海阔天空的联想，曲径通幽的巧思，搭建起数学与人文沟通的桥梁，让青少年在阅读经典文学作品时进一步提高兴趣，扩大视野，相互启发，加深理解，获得数学思维与文化精神两方面的熏陶。

这是一个很好的选题，它切中了时代的需要。

著名数学家陈省身说过：“数学好玩”。玩有多种多样的玩法。通过古典名著中的故事创设情境，导向趣味数学或数学趣味的欣赏，不失为一种可行的玩法。

中国古典小说四大名著是中国文学史上的登峰造极之作，早已内化为中华优秀的传统文化并滋润着千万青少年。

《红楼梦》是我国文学史上的不朽之作，称得上艺林的奇峰，大师之绝唱。它所反映的生活内涵的广度和深度是空前的，可以说它是封建社会末期生态的大百科全书。许多《红楼梦》研究者认为：《红楼梦》好像打碎打乱了的七巧板，每一小块都包含着一个五味杂陈、七彩斑斓的世界。七巧板不正是一种数学游戏吗?《红楼梦》中描写的诸如园林之美、酒令之繁、游戏之机、活动之杂等都与数学有着纵横交错的联系，我们可以发掘其中丰富的数学背景。例如估算大观园的面积涉及“等周定理”，探春惊讶几个姐妹都在同一天生日涉及数学中的“抽屉原理”。

《三国演义》是我国第一部不同于比较难读的正史，做到几乎连半文盲都可以勉强看下去的小说，是我国文学史上一个伟大的创举。其中对诸如战争谋略、外交手段、人文盛事、世道沧桑都有极为出色的描写，给读者以更大的启发。特别是它在描写战争方面所显示的卓越技巧，不愧为古典小说中描写战争的典范。其中几乎所有的战争谋略都与数学中的解题策略形成呼应。我们可以通过类比归纳出大量的数学解题策略，如“以逸待劳”“釜底抽薪”等等，虽然是战争策略，但同样可作用于数学解题思想中。

《水浒传》是一部描写封建时代农民革命战争的史诗。它继承了宋元话本的传统，以人物形象为单元核心，构架出一个个富于传奇色彩的情节，波澜起伏，跌宕变化，生动曲折，引人入胜。特别是对于人物个性的描写更是匠心独运——明快、洗练、准确、生动，往往三言两语之间便将人物性格勾画得惟妙惟肖、形神毕具。我们可以从其中的大小场景中提炼出各种同态的数学结构。例如梁山好汉每个人都有一个绰号，可以从中提炼出一一对应的概念，特别是《水浒传》中有许多特殊的数字，可以联系到很多数学问题，如黄文炳向梁中书告密却不能说清“六六之数”，可以使人联想到数学史上的“三十六军官”问题。

《西游记》是老少咸宜、闻名中外的杰作。它以丰富瑰奇的想象描写了唐僧师徒在漫长的西天取经路上的历程。并把其中与穷山恶水、妖魔鬼怪的斗争，形象化为千奇百怪的“九九八十一难”，通过动物幻化的有情的精怪生动地表现出来。猴、猪、龙、虎等各种动物变化多端，神通广大，具有超人的能耐和现实生活中难以想象的作为。它的情节曲折离奇，语言幽默优美，更是一本妙趣横生、兴味无穷的神话书，受到少年儿童的普遍欢迎。书中描写的禅光佛理、绝技神功，都植根于社会生活的投影，根据其各种表现，可以构建抽象的数学模型。《西游记》中开宗明义第一页第一行的卷头诗“混沌未开天地乱”，我们可以介绍数学中“混沌”的简单知识；结尾诗中的“行满三千即大千”，也隐含一个重要的数学问题。

这套书从中国古典小说四大名著中汲取灵感，每本挑选了40个故事，发掘、联想其与数学有关的内容。其中包含了大量经典的数学名题、趣题，常见的数学思维方法与解题策略，一些现代数学新分支的浅显介绍，数学史上的趣闻逸事，数学美术图片，等等。除了传统的内容之外，书中还编写了一些较为特殊的内容，如以数学问题的答案为谜面，以成语为谜底的数学谜语，以《周易》中的八卦为工具的易卦解题方法(如在染色、分类等方面)等。

本书是数学科普著作，当然始终以介绍数学知识为主，因此每篇文章的写作，都是以既定的数学内容为主导，再从有关的小说章回中挑选适当的故事作为“引入”的，与许多中学数学老师在上数学课时努力创造“情境”来导入新课的做法颇为相似。

本书参考了许多先生的数学科普著作，特别是我国著名数学科普大师谈祥柏先生主编的《趣味数学辞典》中总结的知识，中国科学院院士张景中先生的数学科普著作中的一些理念和新思维，给了我极大的启发和帮助，谨向他们表示衷心的感谢。

作者才疏学浅，诚恳地希望得到广大读者的批评指正。

欧阳维诚

2020年6月于长沙

时年八十有五

目 录

结构的视角

生活的常识

数学与文化

游戏与娱乐

结构的视角

炼石补天的数学问题

翻开《红楼梦》第一页，书上赫然写着：

原来女娲氏炼石补天之时，于大荒山无稽崖炼成高经十二丈、方经二十四丈顽石三万六千五百零一块。娲皇氏只用了三万六千五百块，只单单剩下一块未用，便弃在此山青埂峰下。谁知此石自经煅炼之后，灵性已通，因见众石俱得补天，独自己无材不堪入选，遂自怨自叹，日夜悲号惭愧。

许多红楼梦研究者都把有关石头的数字 12，24，36500 看得很神秘，对它们给出了各种各样的解释。不过数学家读了这段话，可能会想到，为什么 36501 块石头要留下 1 块不用，而只用 36500 块呢？这里面是否也含有某些数学的问题呢？

1. 二维铺砌

补天是怎么个补法呢？如果把这些石头当作砌块铺满平面或者砌成一堵单墙，这类问题在数学中叫作二维铺砌问题。

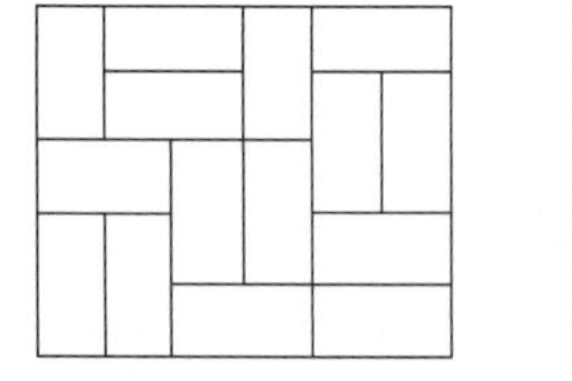

图 1　二维铺砌

有一个非常有趣的现象，用 36500 块尺寸相同的石块可以铺成 5 个正方形，它们的边长成公差为 10 的等差级数。且满足有趣的等式：

$$100^2+110^2+120^2=130^2+140^2=36500 \quad ①$$

用 100 除①式的两边，便得到：

$$10^2+11^2+12^2+13^2+14^2=2\times365 \quad ②$$

这个问题曾经出现在俄罗斯画家别尔斯基的一幅题为《口算》的画中，画中画着教师拉钦斯基指导他的学生们练习口算，这个等式就写在画中的黑板上：

$$\frac{10^2+11^2+12^2+13^2+14^2}{365}=2$$

拉钦斯基原是一位大学教授，后来主动辞去大学的职务，去当一名普通的乡村教师，在这期间，他对非标准习题的解法以及口算进行了较多的研究。

其实对于任意的正整数 k，都有这种由 $2k+1$ 个连续正整数组成的平方等式：

$$(n-k)^2+\cdots+(n-1)^2+n^2=(n+1)^2+\cdots+(n+k)^2 \quad ③$$

将③式两边展开，抵消两边相同的项后，得

$$-2n(k+\cdots+2+1)+n^2=2n(1+2+\cdots+k)$$

$$n=4(1+2+\cdots+k)=2k(k+1) \quad ④$$

由此可知，对任意的 k，由④式可立即算出 n，从而写出③式。

2. 简单的立方体

如图 2，考虑把这 36501 块石头按同一方向堆码成一个长方体(每块石头摆放的方向相同)，有多少种不同的堆码法呢？

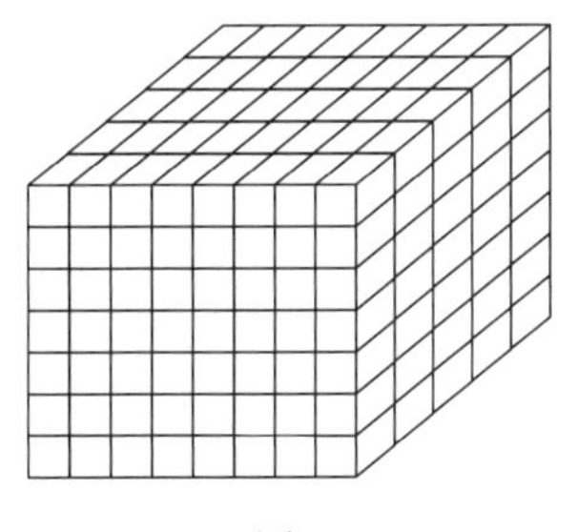

图 2

这类问题在数学中属于三维铺砌问题。

设堆码成的长方体的长、宽、高分别为 x，y，z($1\leqslant x\leqslant y\leqslant z$，$x$，$y$，$z\in$

$\mathbf{N}_+$)块石头，那么，就得到不定方程：

$$xyz=36501 \qquad ①$$

因 36501 的标准分解式为：

$$36501=3\times23^3$$

把 36501 分解为三个满足方程①的正整数的乘积的方法只有 5 种，即

$$1\times1\times36501$$

$$1\times3\times12167$$

$$1\times23\times1587$$

$$3\times23\times529$$

$$23\times23\times69$$

用 36501 块石头只可以堆码成 5 种不同的长方体，显得很单调。但是如果去掉一块石头不用，还剩 36500 块，则得不定方程：

$$xyz=36500(1\leqslant x\leqslant y\leqslant z，x，y，z\in\mathbf{N}_+) \qquad ②$$

因为 36500 的标准分解式是 $36500=2^2\times5^3\times73$，把 36500 分解为三个满足方程②的正整数乘积的方法却有 73 种之多。如

(1，1，36500)；…；(2，5，3650)；…；(20，25，73)。

由此可见，用 36500 块石头能摆成的长方体总数，要比用 36501 块石头摆成的长方体总数多得多。这是不是留下一块不用的原因呢?

3. 装箱问题

如图 3，如果把这些长方体石头填进一个更大的长方体的洞，石头堆码多层，且横放、竖放都允许，不能留下空隙，就像把一些规格一致的长方体货箱装进一个长方体的集装箱一样，在数学中称为“装箱问题”。装箱问题同样是一类有趣而艰深的问题。

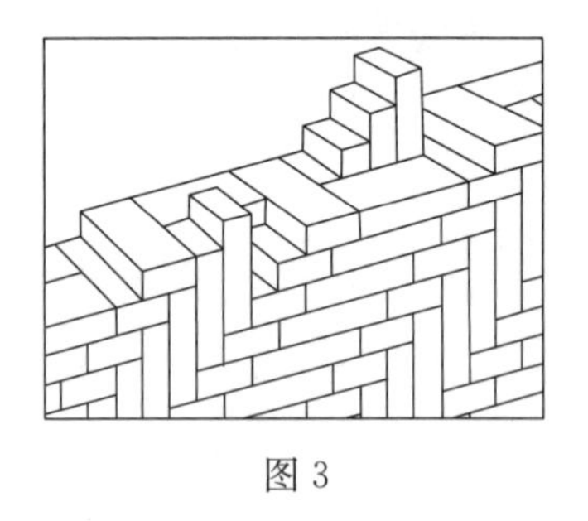

图 3

我们看一个简单但又有些复杂的例子：由平均值不等式

$$\sqrt[3]{xyz}\leqslant\frac{1}{3}(x+y+z) \qquad ③$$

两边乘以3，再立方，便得

$$27xyz\leqslant(x+y++z)^3 \quad ④$$

如果把 xyz 看作一个尺寸为 $x\times y\times z$ 的货箱的体积，$(x+y+z)^3$ 看作一个棱长为 $a=x+y+z$ 的正方体集装箱的容积，于是就存在了如下的装箱问题：

27个一样大小的体积为 $x\times y\times z$ 的长方体货箱，能否完全装入一个棱长为 $x+y+z$ 的正方体集装箱？

如果这个问题有解，即我们的确把27个货箱装入了集装箱，那么我们就从一个“可行”的角度证明了平均值不等式③或④。但是，反过来，不等式④的成立只能保证27个货箱的体积不大于集装箱的体积，但并不能保证27个货箱能全部装进集装箱里。正像一支毛笔，其体积虽然远远小于笔筒的容积，但却不能把毛笔完全装进笔筒一样。

在一些特殊的情况下，这个问题的答案是平凡的。

假如 x，y，z 都相等，即 $x=y=z$ 的时候，这时27个货箱全是立方体形状，可以紧密无间地装进集装箱。

假如 x，y，z 中有两个相等，例如 $x=1$，$y=1$，$z=30$ 时，27个 $1\times1\times30$ 的货箱可以成一排躺在棱长为 $1+1+30=32$ 的正方体集装箱里。

又例如 $x=y=6$，$z=3$，也很容易找到把27个 $6\times6\times3$ 的货箱放进一个棱长为 $6+6+3=15$ 的集装箱里的方法，图4就是一种解法：

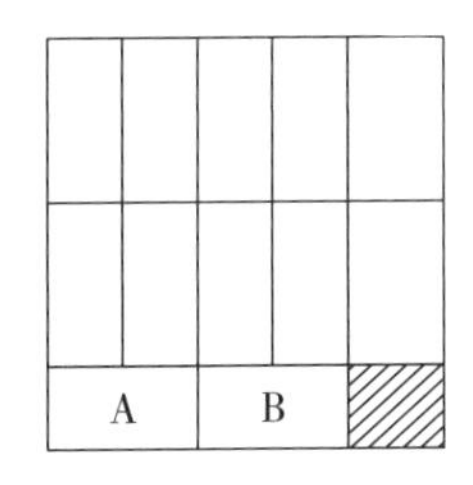

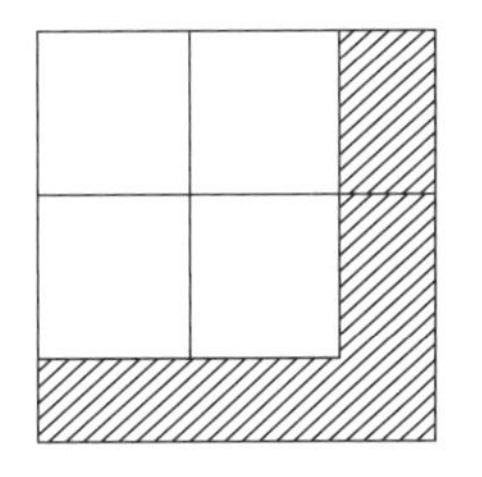

图4

图4左表示第一、第二两层的摆放法，每层共装入货箱 $5\times2+2=12$(个)，两层共装 $12\times2=24$(个)。图4右表示还可以装入4个。图中阴影部分表示空隙。

为了避免这些平凡的情况，我们应该对货箱的长、宽、高三个尺寸做一

些限制：要求三个尺寸都不相同，而且两个较大数之和要小于最小数的三倍，即

$$0<x<y<z \quad ⑤$$

$$z+y<3x \quad ⑥$$

对于不满足⑤式与⑥式的 x，y，z，有可能轻易地找出问题的解。

对于满足⑤式与⑥式的 x，y，z，要找出问题的解虽然不是特别容易但也不是特别困难。可能只有一个例外，就是 $y=\frac{1}{2}(x+z)$ 的时候也许要比较难一些！例如 $x=4$，$y=5$，$z=6$，试问：27 个 $4\times5\times6$ 的货箱能不能完全装进一个 $15\times15\times15$ 的集装箱？

27 个货箱的体积 $=27\times4\times5\times6=3240$；

集装箱的容积 $=15\times15\times15=3375$。

两者比较有较大的剩余空间，而且 $4\times5\times6$ 的货箱也较接近正方体，使我们直觉地感到这个问题应该有解。最好也是最快的检验办法莫过于用胶泥做成 27 个 $4\times5\times6$ 的长方体，然后把它们堆码起来试验。实验的结果可以对理论的计算给出提示。

这个问题的确有解，而且在不计算货箱的旋转与反射的情况下，恰好有 21 个不同的解。

图 5 是其中一个解的示意图，分三层装下，每层 9 个。

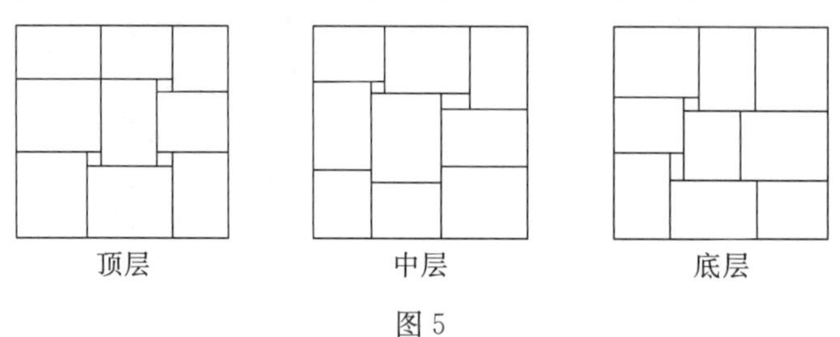

图 5

护官符与关系图

《红楼梦》第四回写贾雨村新官上任，正打算处理一件久拖未决的薛蟠杀人案，他的一个门人连忙使眼色止住他，并递给他一张“护官符”，上面写的是本省最有权势极其富贵的大乡绅的名姓。如果一时触犯了这样的人家，不但官爵不保，只怕连性命也难保呢！特别是那贾、王、史、薛四家写得很明白，更不能惹：

贾不假，白玉为堂金作马。
阿房宫，三百里，住不下金陵一个史。
东海缺少白玉床，龙王来请金陵王。
丰年好大雪，珍珠如土金如铁。

四家皆连络有亲，一损俱损，一荣俱荣。此案打死人之被告就是“丰年大雪”的薛家公子，小小的县官贾雨村如何惹得起他们。

门子所说的护官符，也就是今天人们所说的关系网。

数学中有一个近几十年才蓬勃发展起来的新分支，叫作图论，是研究各种错综复杂的关系网的一种重要数学工具。

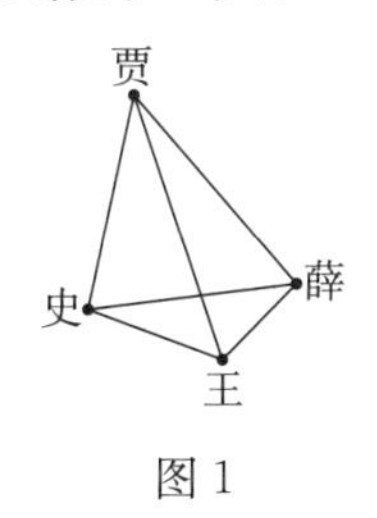

图 1

1. 图的基本概念

什么叫图呢？在平面上有 n 个点，把其中一些点对用线段（直线或曲线均可）连起来，不考虑点的位置和线段的长短曲直，由此形成的整体就称为一个图。例如图 2 中的三个图形都是图，第二个和第三个还是同一个图。

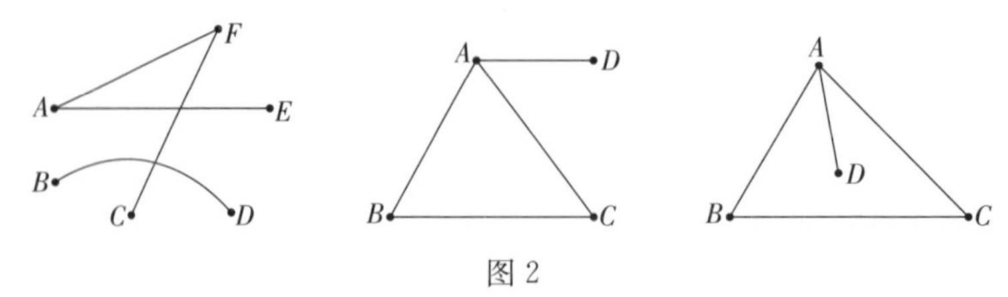

图 2

图的点用 V_1，V_2，V_3，…，V_n 表示，称为顶点；线（也叫作边）用 e_1，e_2，e_3，…，e_m表示。将顶点集合记为 $V=\{V_1, V_2, V_3, \cdots, V_n\}$，边的集合记为 $E=\{e_1, e_2, e_3, \cdots, e_m\}$，则图可记成 $G=G(V, E)$。

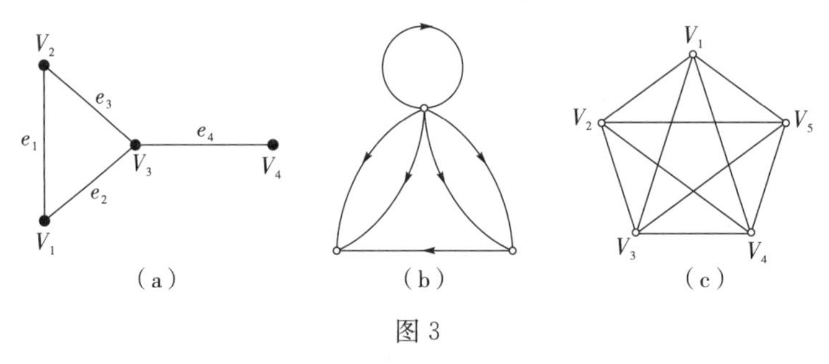

图 3

如果图 $G=G(V, E)$ 中的每条边都没有方向，则称为无向图，如图 3 的 (a) 和 (c)；若每条边都用箭头标出了方向，则称之为有向图，如图 3 的 (b)；若图中每两顶点间至多只有一条边的称为单图。

无向图中，如果顶点 U 与 V 是边 e 的端点，则称顶点 U 与 V 相邻，e 与 U，V 相关联。从一个顶点 V 引出的边的条数叫作该顶点的度数（阶），记作 $d(V)$。例如图 3(a) 中，$d(V_1)=d(V_2)=2$，$d(V_3)=3$，$d(V_4)=1$。

图中每对顶点都恰好连一条线时，称为完全图，记成 K_n，n 是顶点数，它的边数是 $C_n^2=\frac{1}{2}n(n-1)$。例如图 2(c) 中所画的图就是 K_5。

如果把一个图中的点看作某种事物，点与点之间的连线表示事物之间的某种关系，那么一个图就可以抽象为一种关系图。例如图 1 就是四大家族的关系网图。像图 2 那样的图，如果我们把点看作城市，线看作城市之间通航的关系，它就是一张城市的空中交通图；如果把点看成国家，线看作互相建立了外交关系，那么图 2 就表示这些国家的国际关系示意图；等等。

2. 用图解题

例 1 多国会议中任何 4 个代表中的任意 3 人都可以进行交谈(包括 3 人中有 1 人为其余 2 人充当翻译的情况)，而不必要求另外的人帮助。证明：可以把任意 4 个代表安排到两个房间里，每个房间两人，使得每个房间的两个人都可以进行交谈。

分析 如图 4，用 A，B，C，D 四点表示 4 个人，若两人能直接交谈，则在两点之间连一条线，若两人不能直接交谈，则在两点之间不连线。因为任意 3 个人都可以互相交谈，所以任何三点中都至少有两条连线。不妨碍一般性，假定 A，B，C 三点中至少有 AB，BC 两条连线。再考虑 A，C，D 三点，这三点之间也应有两条连线，不论这两条线是怎样的连法，不外乎下列三种情况之一：

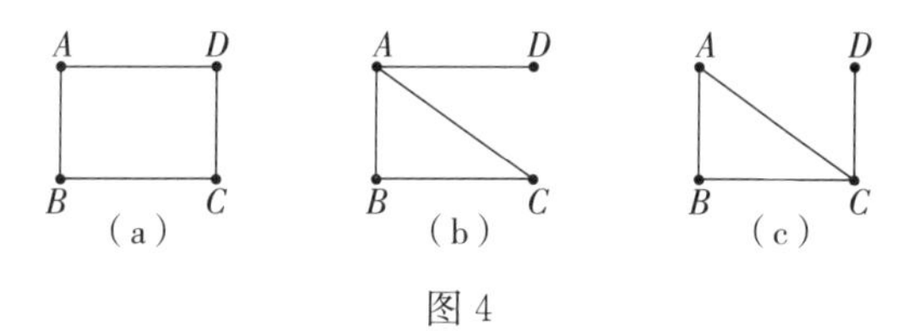

图 4

如图 4(a)，若 AD，DC 连线，则可分配 A，B 住一间，C，D 住一间。

如图 4(b)，若 AD，AC 连线，则可分配 A，D 住一间，B，C 住一间。

如图 4(c)，若 AC，DC 连线，则可分配 A，B 住一间，C，D 住一间。

无论出现哪一种情况，最后 4 人都可以安排他们住进两个房间，使得每间房中的两个人都能够交谈。

例 2 某学校举办围棋比赛，A，B，C，D，E 五位同学得了前五名，发奖前，老师让他们自己猜一猜各人的名次排列情况。

A 说：B 第三名，C 第五名；

B 说：E 第四名，D 第五名；

C 说：A 第一名，E 第四名；

D 说：C 第一名，B 第二名；

E 说：A 第三名，D 第四名。

实际上每个名次都有人猜对，问这五位同学的名次如何？

解 列一个 5×5 的方格表，用 A，B，C，D，E 依次表示它的行，用 1，2，3，4，5 表示它的列。

A 说"B 第三名，C 第五名"，则在表中第 A 行第 3 列的方格里记一个 B，第 A 行第 5 列的方格里记一个 C，余类推。在标了字母的方格都画一个点，再把相同字母的两个点用线段连接，得图 5(a)。

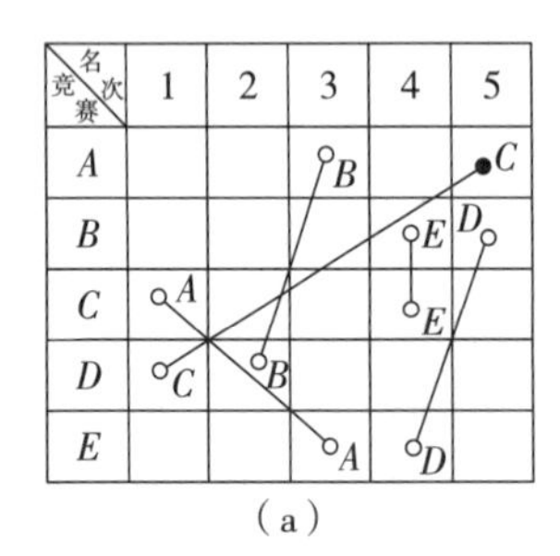

(a)

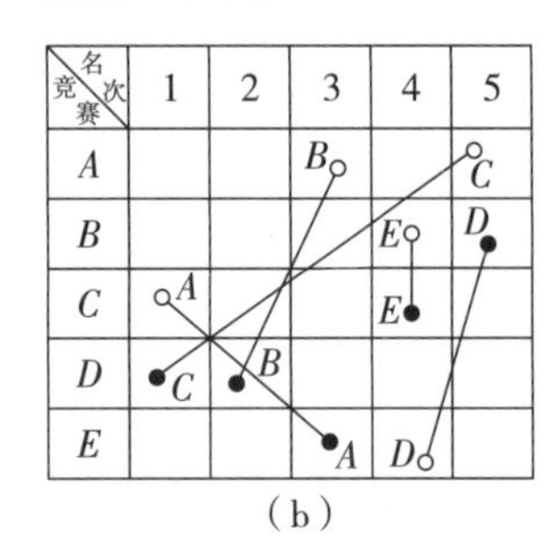

(b)

图 5

根据"每个名次都有人猜对"同时"每人只能得一个名次"的原理对图 5(a) 中的点进行检验，以"●"代替名次猜对了的点，以"○"代替名次猜得不对的点. 检验顺序如下：

第 2 列 B"●"→第 3 列 B"○"→第 3 列 A"●"→第 1 列 A"○"→第 1 列 C"●"→第 5 列 C"○"→第 5 列 D"●"→第 4 列 D"○"→第 4 列 E"●"。

即实际名次是：B 第二，A 第三，C 第一，D 第五，E 第四。

例 3 在六个人中，肯定有两人各偷了一辆自行车。他们在警察询问时分别提供了如下的证词：

哈利："小偷是查理与乔治。"

詹姆士："唐纳德与汤姆是小偷。"

唐纳德："贼骨头是汤姆与查理。"

乔治："哈利与查理干了偷窃勾当。"

查理："唐纳德与詹姆士是作案的人。"

在追问汤姆时，他拒绝回答。

在上述这些人的回答中，有四个人的话半对半错，他们都正确地指出了其中的一个人是小偷，而提到的另一个人则是不对的。不过，也有一个人的回答是彻头彻尾的撒谎。

那么，究竟是谁偷了自行车？

分析 我们虽然可通过逻辑分析逐步推出答案，但是美国阿肯萨斯大学的温斯顿(S. Winston)提供了下面的图论解法更为简便。

画一个图，图上每个顶点表示一个人，用字母 C，G，H，T，D，J 依次代表查理、乔治、哈利、汤姆、唐纳德与詹姆士。凡被某人提到名字的两个人，就用一条线连接，例如 C 与 G 连线就反映了哈利的话(见图 6)。因为有 4 个人的话都说出了一个小偷，所以代表两个小偷的点应该一共发出 4 条线。

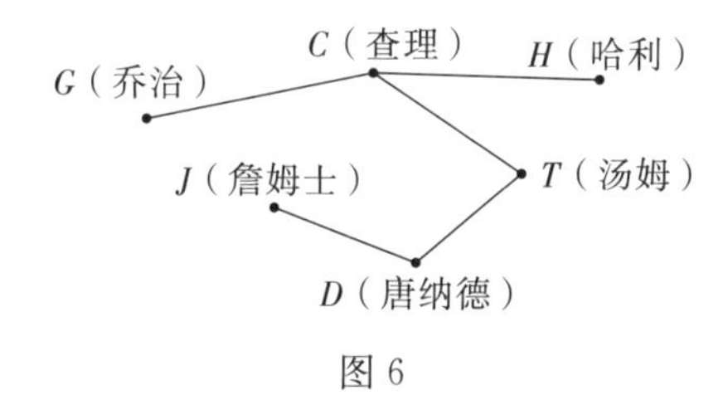

图 6

为了抓住小偷，只要在图上检查各个顶点，看一看有哪两个顶点的度数之和是 4 就行了。注意到代表小偷的两个顶点之间是不应当有线相连的，否则将意味着有一个人讲的全部是真话，而不是“半对半错”了。汤姆虽然拒绝回答，但信息已经足够，他讲不讲都不影响问题的解决。

检查结果是：若 C 不是小偷，则 G，H 必是小偷，若 T 也是小偷，则有 G，H，T 三个小偷，与只有两个小偷的条件矛盾。若 T 不是小偷，则 D 必是小偷，仍有 G，H，D 三个小偷，矛盾。故 C 是小偷。若 J 不是小偷，则 D 是小偷，T 不是。于是两条线 DT，DJ 两句话是全真的，与只有一句全真的话矛盾。故 C 与 J 即查理与詹姆士是小偷。

四大家族的谱系树

《红楼梦》里出现的人物关系复杂，有研究者列出了《红楼梦》人物简表，下面是贾府家族的人物表：

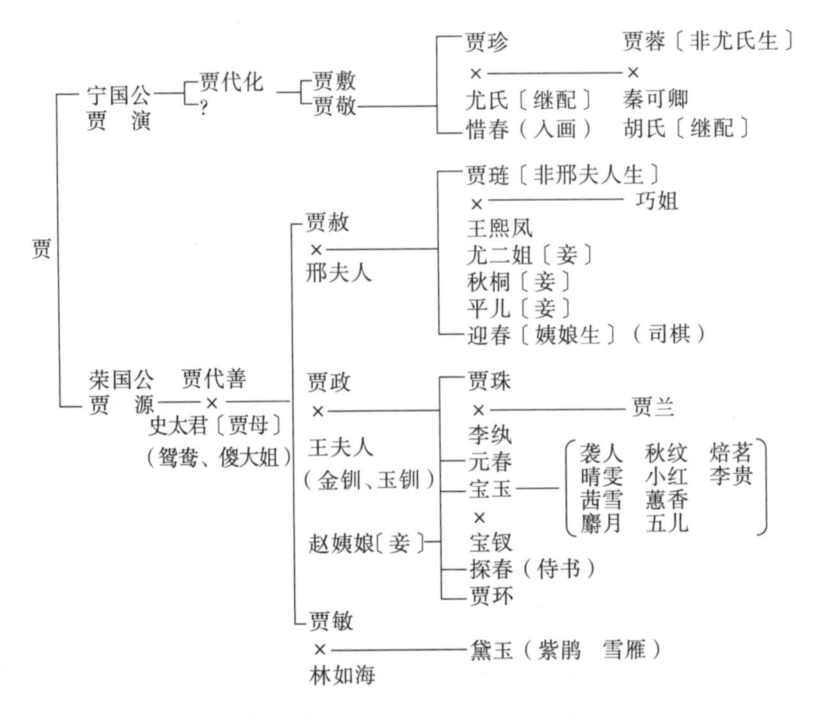

表中用“×”连接的表示配偶关系，写在圆括号里的是丫鬟。

如果用现代数学的观点来看这张表，对于这类问题，常常借助图论中的谱系树来研究。如果将表中的人物都用一个点表示，他们之间的亲缘用一条线表示，则简化为图论中的一个图，如图 1 所示。

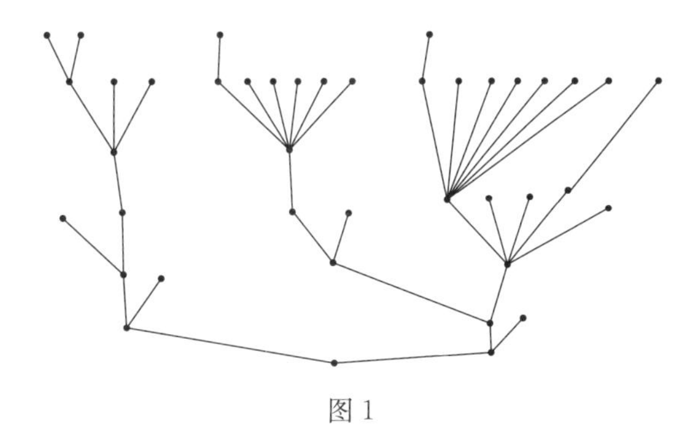

图 1

有趣的是，这个图在数学中称为树，而《红楼梦》正是描写了这棵大树“树倒猢狲散”的全部过程。

什么是图论中的树呢？

在一个图中，如果从图中任何一个顶点出发，可以沿着边走到其他的任何一个顶点，则称为连通图。例如图 2 中(a)，(b)，(d)都是连通的，图(c)则是不连通的。

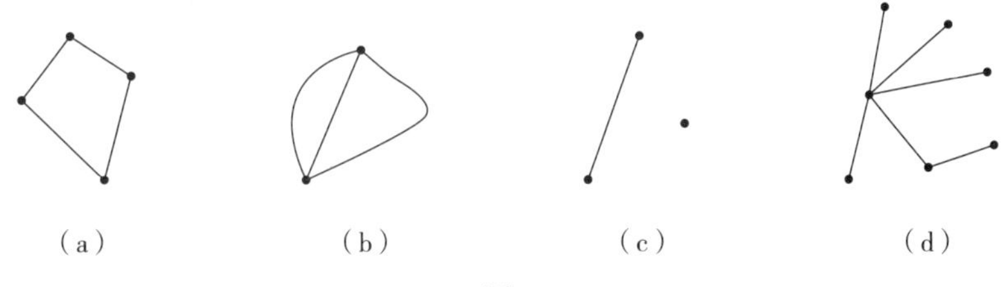

图 2

在一个图中，如果从图中某一个顶点出发，可以沿着边走回原来的顶点，则这条道路称为一个圈。如图 2 中(a)，(b)都有圈，但(c)，(d)没有圈。

一个没有圈的连通图称为树。

例如图 2 中(a)，(b)都不是树，因为它们都有圈，(c)也不是树，因为它不连通，只有(d)是连通的且没有圈，所以是一个树。

任何一个树都可以把它画成一棵树的样子，如图 3 中左边的图就可以画成右边的一棵树的样子。

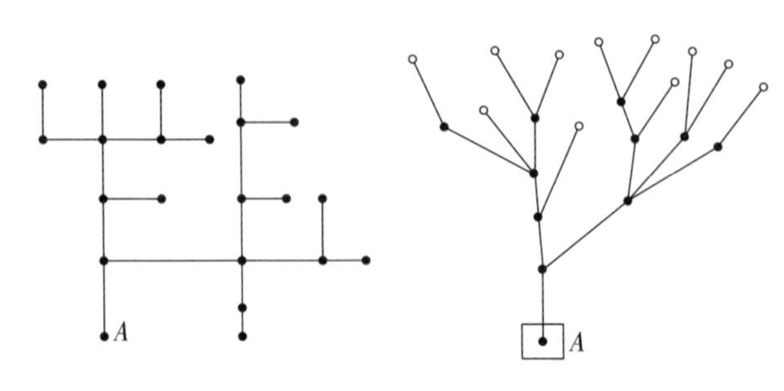

图 3

其中的顶点 A(用外面加框的点表示)在最下方，称为根。从根出发到达了某些点就不能再沿着图的边前进了(用小圈表示的点)，这些点称为叶。显然每一片叶都与唯一的一条边相连。

树这个概念有许多等价定义，我们列出下面这几条：

设 G 是一个有 p 个顶点，q 条边的(p, q)图，下列几种说法都是等价的。

(1)G 是一个树。

(2)G 的任何两个点由唯一的一条道路联结。

(3)G 是连通的，且 $p=q+1$。

(4)G 中没有圈，且 $p=q+1$。

(5)G 中没有圈，若将 G 中的顶点 u 和 v 之间加一条边，则 $G+uv$ 中恰有一个圈。

这一结论的证明并不难，此处从略。下面这道数学竞赛试题可以帮助我们理解证明的思路。

试题 n 个点被互不交叉的线段所连接，可以从一个点出发沿着这些线段到达其他任何点，同时不存在由两条不同的路径连接起来的两个点。证明：这些线段的总数等于 $n-1$。

分析 因为 n 个点被互不交叉的线段连接，所以是一个图，因从一个点出发可以沿线段到其他任何点，所以是连通图。因不存在由两条不同的路径连接起来的两个点，所以图中没有圈。这意味着，本题所说的图形是一株树。

从 n 点中任取一点 A 做根，把它画成图 3 右边那样的树。从一片叶开始把叶连同与它连接的“枝”摘下来。另外一些非叶的点在“整枝”后成了新的叶，再连枝摘去。如此继续一枝一枝地摘下去，最后只剩下一个根。摘下来的一片叶连接一个“枝”，或者说一个点连着一条线，除做根的 A 点外，还有 $n-1$ 个点，故有 $n-1$ 条线。

树是一种特殊的图，有很多实际用途。

例 1 图 4 是一张树密码图，图中的 V 是树根，向下生长，每一个分叉处都恰好分为二叉，且左标 0，右标 1，这两个生出的顶点称为兄弟，在它们上方的分叉顶称为它俩的父亲。如果画一棵有 32 片叶的二叉树，则 26 个拉丁字母 a，b，c，…，x，y，z 以及一些常用的其他符号都可以用一片叶代表，那么就得到一个密码表。例如图 4 中画出了开始的 8 片叶，令它们从左到右依次代表 a，c，t，u，h，i，l，m，从根到 a 叶的唯一轨道上经过的三个码为 000，称为此叶的前缀码，记作 $a=000$，同样地 $c=001$，$t=010$，$u=011$，$h=100$，$i=101$，$l=110$，$m=111$。

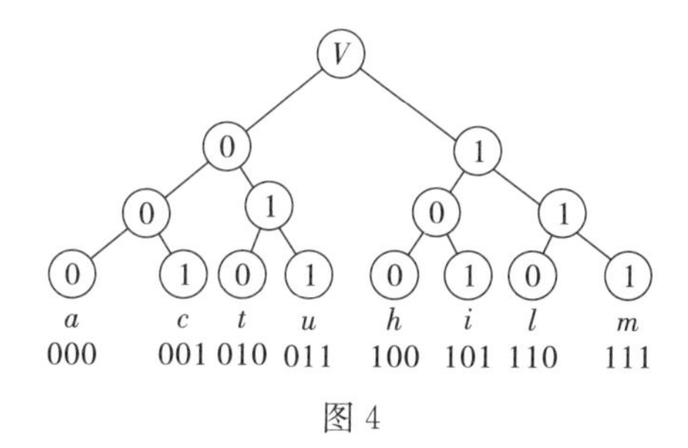

图 4

如果工作人员收到上级的密电：110101111000010011101001100011

将它分成每 3 个数字一节：

110　101　111　000　010　011　101　001　100　011

然后与字母对照，即得

Li　ma　tui　chu(立马退出)。

由于 26 片叶与 26 个字母之间一一对应的方法有 26! 种之多，这个数太大了，没有密码表，要破译是比较困难的。

例 2 要在五个城市(其中任何三个城市都不在一条直线上)之间修筑由四条直线铁路组成的铁路网。铁路可以交叉，在交叉处修建立交桥。问有多少种方案修筑铁路网?

分析 根据题意，每一种修筑方案都可以用一株树来表示，按 $d(V)$的大小分类，不同的树共有三种：

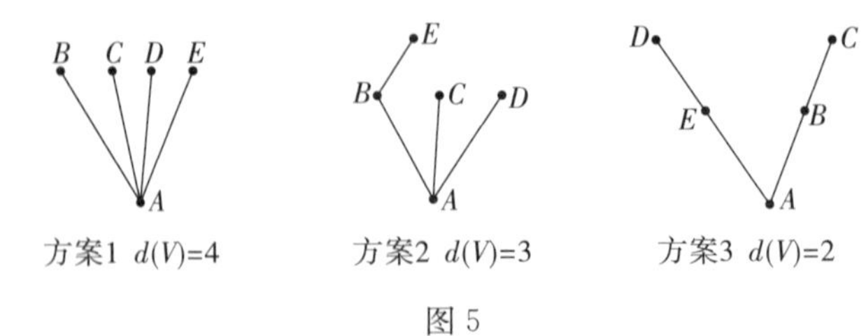

图 5

(1)第一种方案：树中度数最大的点 $d(V)=4$，即一个城市最多可修四条铁路。以其中一个城市作为铁路枢纽站 A，向其余四个城市辐射出四条铁路，由于每个城市都可选作枢纽站 A，所以这一方案可供设计师提出 5 种设计图。

(2)第二种方案：树中度数最大的点 $d(V)=3$，即一个城市最多可修三条铁路。以其中一个城市作为枢纽站，向其余三个城市修筑三条铁路。枢纽站 A 有 5 种不同的选法，最后一站 E 有 4 种选法，E 又有 3 种方法与 B，C，D 之一相连。所以第二种方案中总共有 $5\times4\times3=60$(种)设计图。

(3)第三种方案：树中度数最大的点 $d(V)=2$，即一个城市最多可修两条铁路。在这种情况下，五个城市的任何排列都符合铁路网的条件，即有 $5!=120$(种)方法。不过把一个排列的顺序完全倒过来后也是一个排列，按这两个排列修筑的铁路网络是相同的，只能算一个。因此不同的修铁路方案应为排列数的一半，即有 $120\div2=60$(种)。

所以，修筑铁路网设计方案总共达到 $5+60+60=125$(种)。

从交比定理读《好了歌》

《红楼梦》第一回有一首脍炙人口的《好了歌》，歌词将世俗看重的功名、财富、美色、儿孙四种元素合在一起编成一首警世通言：

世人都晓神仙好，惟有功名忘不了！古今将相在何方？荒冢一堆草没了。
世人都晓神仙好，只有金银忘不了！终朝只恨聚无多，及到多时眼闭了。
世人都晓神仙好，只有姣妻忘不了！君生日日说恩情，君死又随人去了。
世人都晓神仙好，只有儿孙忘不了！痴心父母古来多，孝顺子孙谁见了？

君不见有些人一心想当官，当了官就捞钱。捞了钱便养小三，包二奶。为儿女筹集留学基金，为自己预谋“裸奔”出路。把追求功名、财富、美色、儿孙的愿望发挥到极致，手段无所不用其极。知进而不知退，知得而不知失。直至东窗事发，南柯梦醒，在身败名裂之后，严刑重罚之前，再去唱《好了歌》。

在射影几何学中有一个非常微妙的交比定理，如果学了这个定理后再去读《好了歌》，可能得到更深刻的体会。

1812 年 6 月，拿破仑率领 60 余万大军攻占了莫斯科，后被迫撤退时前卫部队全军覆没，遗尸遍野。俄军在打扫战场时，救活了一名奄奄一息的法国军官，送进了俄军的俘虏营。这名俘虏名叫彭赛列（Poncelet，1788—1867），1788 年生于法国梅斯，毕业于有名的巴黎综合理工学院。彭赛列被关进了伏尔加河畔的萨拉托夫监狱。为了消磨单调乏味的铁窗生活，他决定在总结前人几何研究成果的基础上创立一种新的几何学。1814 年 6 月，彭赛列被释放回国，随身携带着七大本在监狱中潦乱记录下来的研究成果，经过整理后于1822年在巴黎出版了《论图形的射影性质》一书。这个铁窗下的"婴儿"，成为射影几何学的奠基之作，彭赛列也被誉为近世几何的创始人之一。

射影几何最早起源于绘画。欧洲文艺复兴时期透视学的蓬勃发展，给射影几何的成长准备了良好的条件(图1)。我们在中学学过的欧氏几何，它的所有图形通过刚体变换(如平移、旋转等)以后，线段的长短、角度的大小、图形的形状和面积等都不会改变。研究平面或空间几何图形在刚体变换下不变性质的几何学叫作欧氏几何学。

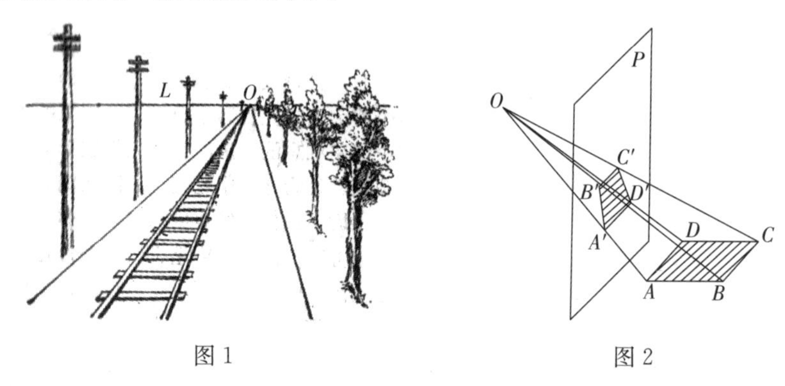

图1　　图2

如图2，如果从中心 O 发出一个光线的投射锥，矩形 $ABCD$ 在平面 P 上的射影是图形 $A'B'C'D'$。这时的 $A'B'C'D'$ 不一定还是一个矩形。从直观上很容易看到 $A'B'C'D'$ 与 $ABCD$ 在大小和形状上都发生了变化。那么图形 $A'B'C'D'$ 与 $ABCD$ 通过这种射影变换后，还有没有什么共同的几何性质呢？研究图形在射影变换下有哪些不变性质的几何学就叫作射影几何学。

射影几何有两个非常重要的概念。

1. 交比定理

射影几何里最基本的概念之一就是交比。

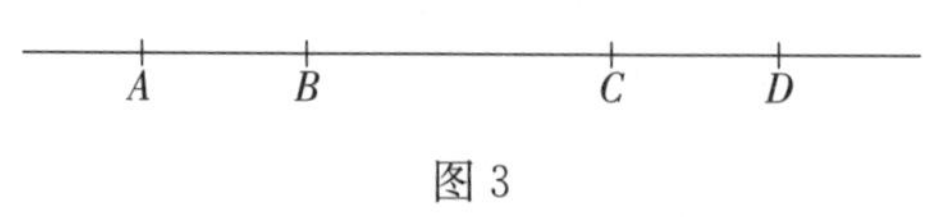

图3

如图3，设直线上依次排列着 A，B，C，D 四点，考虑线段的比 $\frac{CA}{CB}$ 和 $\frac{DA}{DB}$，则它们的比

$$t=\frac{CA}{CB}:\frac{DA}{DB}$$

叫作四个点 A，B，C，D 的交比。注意交比 t 既不是长度，也不是两个长度的比，而是两个比的比。

如图 4，以 O 为中心点，从 O 画出四条射线组成一个固定的线束。另外一条直线 l 与线束分别交于 A，B，C，D。则$\frac{CA}{CB}:\frac{DA}{DB}$叫作 A，B，C，D 在这个线束上的交比。交比是一个不变量。即不论直线 l 怎样取法只要线束固定，交比的值总是不变的。即：

如果 A，B，C，D 和 A'，B'，C'，D'分别是直线 l 和 l'与线束的四个交点，则有

$$\frac{CA}{CB}:\frac{DA}{DB}=\frac{C'A'}{C'B'}:\frac{D'A'}{D'B'} \tag{①}$$

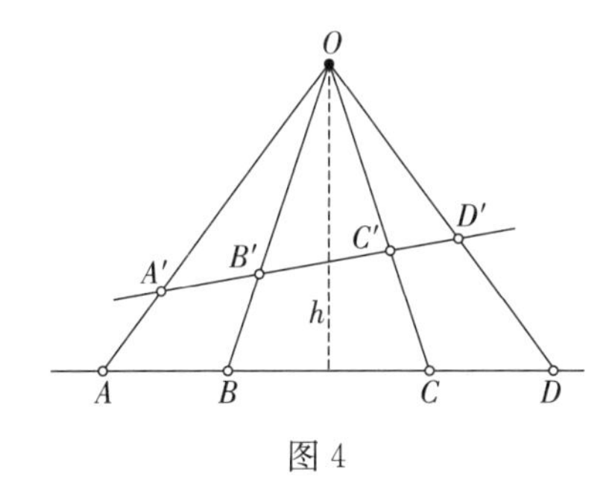

图 4

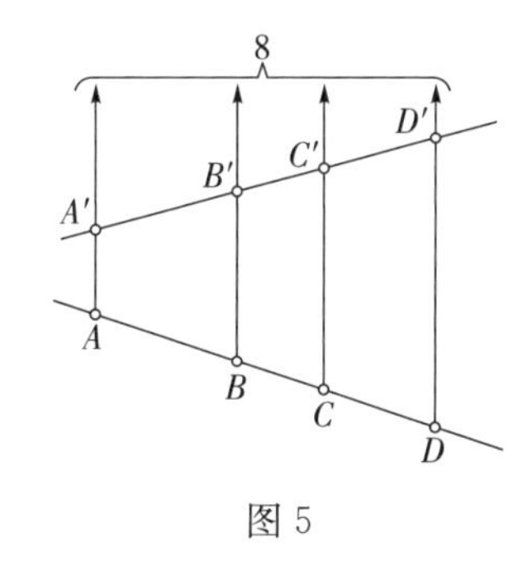

图 5

①式的证明只需要初等的方法。设点 O 至 l 的距离为 h，则

$\triangle OCA$ 的面积$=\frac{1}{2}h\cdot CA=\frac{1}{2}OA\cdot OC\sin\angle COA$

$\triangle OCB$ 的面积$=\frac{1}{2}h\cdot CB=\frac{1}{2}OB\cdot OC\sin\angle COB$

$\triangle ODA$ 的面积$=\frac{1}{2}h\cdot DA=\frac{1}{2}OA\cdot OD\sin\angle DOA$

$\triangle ODB$ 的面积$=\frac{1}{2}h\cdot DB=\frac{1}{2}OB\cdot OD\sin\angle DOB$

由此可知

$$\frac{CA}{CB}:\frac{DA}{DB}=\frac{CA}{CB}\cdot\frac{DB}{DA}$$

$$=\frac{OA\cdot OC\sin\angle COA}{OB\cdot OC\sin\angle COB}\cdot\frac{OB\cdot OD\sin\angle DOB}{OA\cdot OD\sin\angle DOA}$$

$$=\frac{\sin\angle COA}{\sin\angle COB}\cdot\frac{\sin\angle DOB}{\sin\angle DOA}=\text{定值}$$

因此 A，B，C，D 的交比仅依赖于 O 与 A，B，C，D 的连线在 O 点处所张的角。因为这些角，对于由 A，B，C，D 四点通过 O 射影而得的四点 A'，B'，C'，D' 来说都是同样的，由此可知，通过射影交比保持不变。

对于平行射影来说(图 5)，四点的交比保持不变，可以通过相似三角形的初等性质予以证明，此处从略。

图 4 会给人什么启发呢？当你把四条射线看作《好了歌》中的四大元素(功名、财富、美色、儿孙)的客观存在，让直线 l 代表一个人的人生轨迹，l 对线束以任意的角度切入后，都要与四条射线相交于 A，B，C，D 四点，它意味着任何人的人生轨迹，都难免与四大元素有所交集，都会形成直线 l 与四条线束的一种状态(图形形状、数量关系等)，不同的直线将会有不同的状态。或正或斜，或大或小，或多或少，或得或失，它象征着人生在与四大元素打交道时的沉浮跌宕，利害得失。尽管它们状态互不相同，数值大小互异，但是最根本的交比是不变的，就像各种人生的“得失比”是不变的！

2. 对偶原理

射影几何里还有一个十分重要同时又十分有趣的原理，叫作对偶原理。比如，“平面上两个不同的点决定一条直线”和“平面上两条不同的直线决定一个点”(两条直线如果平行，有一个公共的无穷远点)就是互为对偶的两个命题。射影几何学可以证明，互为对偶的两个命题，甲命题如果成立，则乙命题也一定成立。具体说，平面几何中一个定理，如果把其中的“点”换成“线”，“线”换成“点”，就能得到一个新的定理。有了对偶原理，我们很容易从老定理导出新定理。下面图 6 的左边是著名的“帕斯卡六边形定理”，右边是著名的“布利安桑六边形定理”。我们很容易看出，这两个定理是对偶命题。

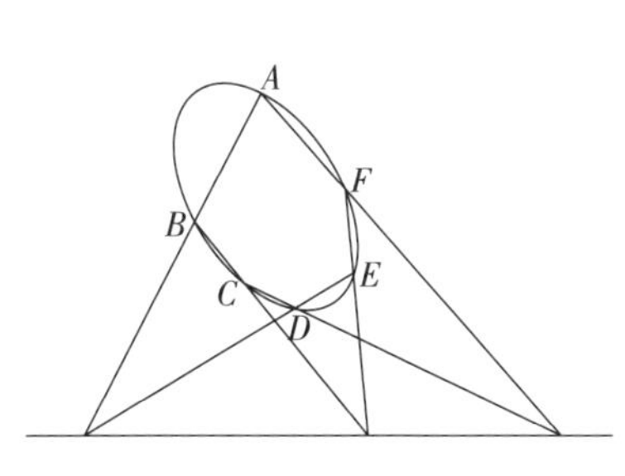

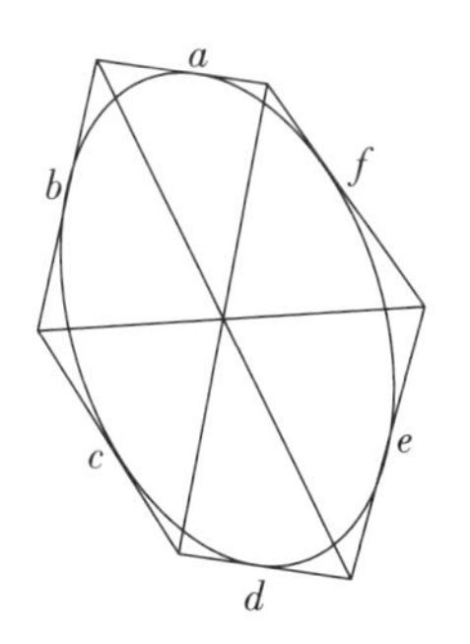

图 6

帕斯卡定理 设 A，B，C，D，E，F 是圆锥曲线上的任意六个点，则 AB 与 DE，BC 与 EF，CD 与 FA 相交的三个交点共线。

布利安桑定理 若 a，b，c，d，e，f 是圆锥曲线上的任意六条切线，则由 a，b 交点与 d，e 交点，b，c 交点与 e，f 交点，c，d 交点与 f，a 交点，连接的三条直线共点。

红楼梦与七巧板

《红楼梦》第四十二回有一段写凤姐请刘姥姥给她的女儿取一个名字的故事。凤姐的女儿是七月初七日出生的，七月七日在民间称为“七巧”。刘姥姥忙笑道：“这个正好，就叫他是巧姐儿好。这叫作‘以毒攻毒，以火攻火’的法子。姑奶奶定依我这名字，必然长命百岁。日后大了，各人成家立业，或一时有不遂心的事，必然遇难成祥，逢凶化吉，都从这‘巧’字儿来。”凤姐儿听了，自是欢喜，忙谢道：“只保佑他应了你的话就好了。”

许多红楼梦研究者认为：红楼梦是把真人真事写成好像打碎打乱了的七巧板，七巧板的每一块组成部分都是一个用真事假说、一语双关的笔法写成的故事，把散乱安置在书中的那些被打碎了的七巧板拼成完整的图形，就会发现蕴涵在《红楼梦》中的大千世界。也就是说：红楼梦把一些五味杂陈、七彩斑斓的板块，拼成了人生万象的图式。

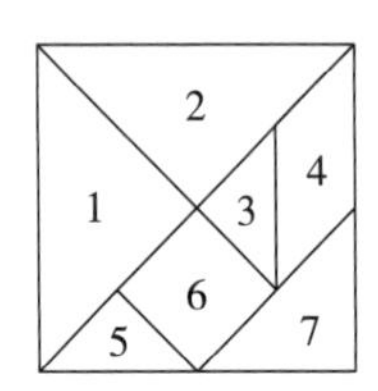

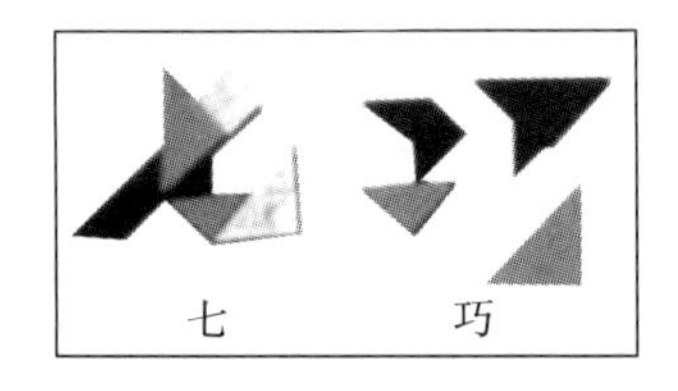

图 1

七巧板是我国古代劳动人民发明的，国际上一些研究中国科学技术发展史的专著中经常提到它，英文里也有一个专门单词“唐图（tangram）”，意思是“来自中国的拼图”。七巧板的流行大概是由于它结构简单、操作容易、明白易懂，而又变化无穷的缘故。从小朋友到老年人都可以发挥自己的想象力，拼出你自己设计的巧妙而美丽的图案。

用七巧板拼搭成的图案成千上万，但大体上可以归纳成三类：

(1)模拟实际事物的图案，如人、动物、植物、建筑物、器具等。

(2)能用数学严格证明其正确性的几何图形。

(3)与组合分析、人工智能有关的拼图程序。

图 2 是用七巧板拼出的各种各样的图案举例，图 3 是由同一副七巧板排成的相似但不相同的图案。

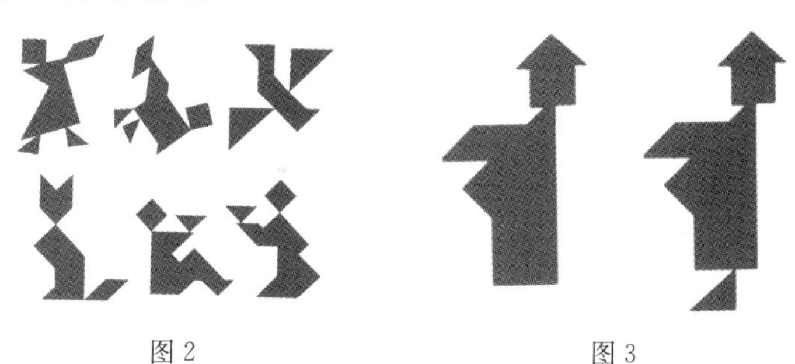

图 2　　图 3

用七巧板拼成各种有趣的实际事物的图案，都只是艺术的形象，见仁见智，并没有严格的规范，例如图 3 的两个图虽然结构不同，但都可以看成寓意相同的图画。如果要拼成一些严格的几何图形，就不能再那么随意，而是有严格的、规律性的要求了。

我们考虑一个最简单的几何拼图问题，七巧板除了本身是一个正方形外，还能拼成其他的凸多边形吗？

由图 1 知，七巧板由 7 个部件组成，其中有 5 个等腰直角三角形，一个正方形和一个有一内角为 45°的平行四边形，因此七巧板的部件所包含的角只有 45°，90°和 135°三种$\left(\frac{\pi}{4}, \frac{\pi}{2}, \frac{3\pi}{4}\right)$。如图 4 所示，如果设大正方形的边长为 $2\sqrt{8}$，则一副七巧板就可以分成 16 个等腰直角三角形，不妨把它们称为基本三角形。基本三角形的两直角边长为 2，斜边长为 $2\sqrt{2}$，面积为 2。由基本三角形的直角边(包括由它们连接而成的部件的边)都是有理数，称之为“有理边”；由基本三角形的斜边(包括由它们连接而成的部件的边)都是无理数，称之为无理边。

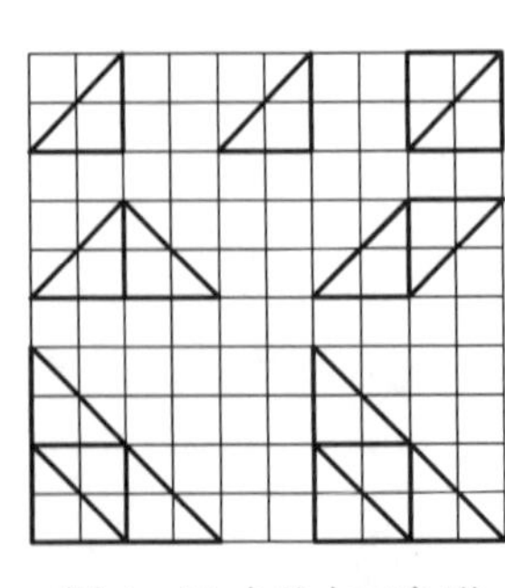

图 4　16 个基本三角形

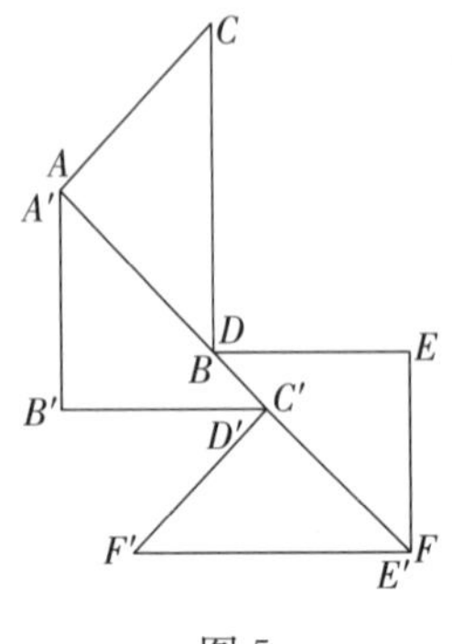

图 5

当我们把一副七巧板的部件拼成一个凸 n 边形时，首先会注意到下面几个基本性质：

(1) n 是一个满足 $3\leqslant n\leqslant 8$ 的正整数。

因为凸 n 边形每一个内角都只能由$\frac{\pi}{4}$，$\frac{3\pi}{4}$，$\frac{\pi}{2}$三种度数的角拼成，最小的外角不小于$\frac{\pi}{4}$。凸 n 边形的 n 个外角和为 2π，因此，$n\leqslant 2\pi\div\frac{\pi}{4}$，即得$n\leqslant 8$。

(2) 有理边只能与有理边重叠，无理边只能与无理边重叠。

事实上，若$\triangle ABC$ 的有理边 AB 与$\triangle A'B'C'$的无理边 $A'C'$重叠(图 5)，则留下的一段 BC'必须由另一个$\triangle DEF$ 的边来叠合，由于$\angle AB\ (D)C=45°$，所以必有$\angle ED(B)F=45°$，DF 必为无理边。于是剩下的一段 $C'F$ 又必须由另一个$\triangle D'E'F'$的边来叠合，显然$\angle F'D'(C')E'=90°$，故 $D'E'$为有理边。如此继续，最后必不能拼成凸多边形。

(3) 如果凸多边形的一个内角不是直角，则夹这个角的两边一边为有理边，另一边为无理边。只有凸多边形的一个内角是直角时，它的夹边才有可能同为有理边，或同为无理边。

根据以上三条可知，一副七巧板能拼成的凸多边形从其内角考虑，只有以下 10 种可能：

三角形(90°，45°，45°)；

四边形(45°，45°，135°，135°)；

(45°，90°，90°，135°)；

(90°，90°，90°，90°)；

五边形(90°，90°，90°，135°，135°)；

(45°，90°，135°，135°，135°)；

六边形(90°，90°，135°，135°，135°，135°)；

(45°，135°，135°，135°，135°，135°)；

七边形(90°，135°，135°，135°，135°，135°，135°)；

八边形(135°，135°，135°，135°，135°，135°，135°，135°)。

再结合边长考察全部这 10 种可能的多边形，从而发现，用一副七巧板可以拼成 13 种不同的凸多边形。

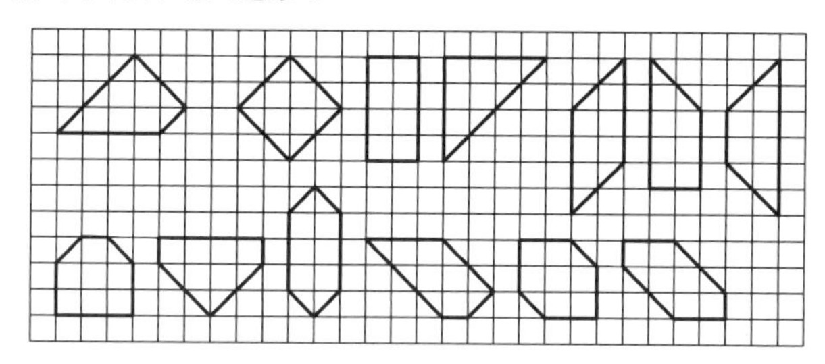

图 6　用一副七巧板能拼成 13 种凸多边形

类似于七巧板的还有我国的益智图与古希腊十四巧板。

“益智图”，是清朝同治元年(1862 年)由童叶庚将七巧板加以改进后发明的。“益智图”由一个正方形分割为图 7 所示的 15 块，其中某些块的边是圆弧。用益智图可以拼出更多复杂的、美观的图案(图 8)。

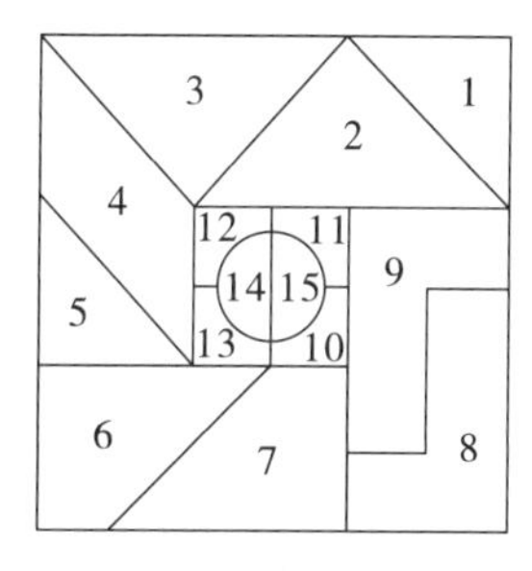

图 7　益智图

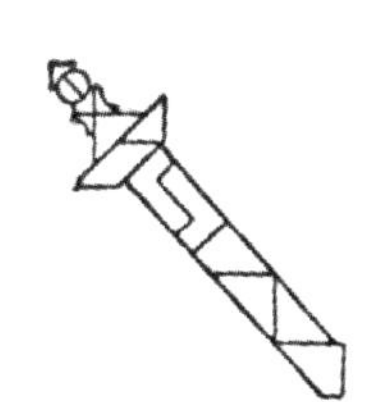

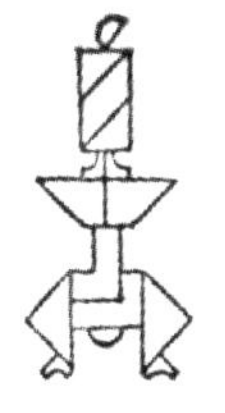

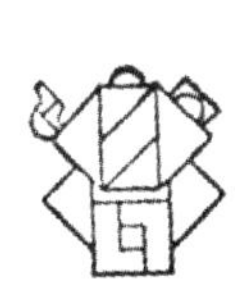

图 8　用益智图拼成的图案

阿基米德在两千多年所写的两篇文章里提到了一种与七巧板类似的十四巧板游戏。这个游戏要求用 14 块多边形形状的象牙，拼成一个 12 ×12 的正方形。与七巧板一样，这个游戏要求人们将 14 块象牙重新组合，拼成各种图案。至于阿基米德是否发明了这个游戏，或只是探寻了其中的几何属性，至今已难于查考。但后来有人认为，阿基米德可能是对一个组合问题感兴趣：用 14 块面积固定的多边形有多少种不同的方法组成一个正方形？这可是一个难题，直到两千多年后才得到解决。2003 年，比尔·卡特勒利用电脑程序解答了这一难题。他发现一共有 536 种不同的拼组方法(其中通过旋转与镜像能互相得到的只算一种)。

如图 9 所示，它是一个在 12×12 的正方形内由格点形成的十四巧板结构，你能计算出这 14 个部分的面积吗？

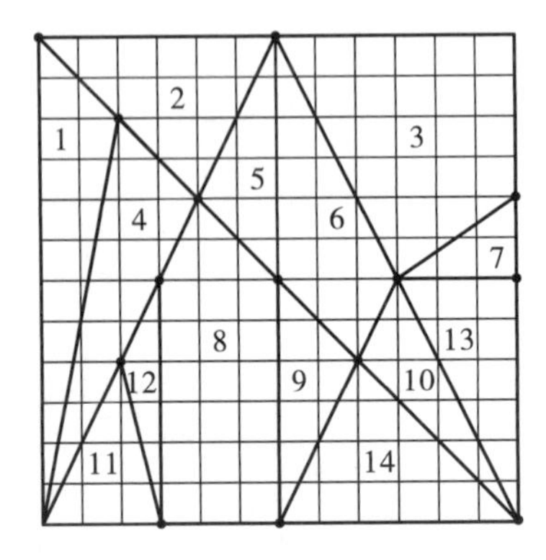

图 9

假作真时真亦假

《红楼梦》第一回写梦中甄士隐随着一僧一道过了一座大石牌坊，上面大书四字，乃是“太虚幻境”。两边又有一副对联，写道：

假作真时真亦假，无为有处有还无。

一些研究《红楼梦》的学者都把这副对联看作全书的线索，大观园其实就是人间的“太虚幻境”。幻境原是“假境”，而大观园才是“真境”。“假作真时真亦假”的意思是：当你把暂时的富足、繁华、欢乐看作“真”而迷恋其中的话，那么现实的无奈、造化的弄人这些真正的存在，你却痴痴地以为是假的。

著名红学家周汝昌先生考证发现，红楼梦共有108回，其中前54回与后54回形成一个大对称结构。前半部主要讲的是赏心乐事，而后半部讲的是家亡人散的悲哀之事。所以，前半部是“假亦真”，就是把繁华似锦的假相以为真相；而“真亦假”指的是后半部，就是当贾家被抄、群芳流散时，因为红楼梦中人在假象中生活得太久了，一旦身陷于“忽喇喇似大厦倾”的真实遭遇，反而以真为假，茫然失措，故曰“真亦假”。

读读《红楼梦》会使人体会怎样对待世情的真与假，但要懂得如何去判断事物的真与假，那还应该学点数学，通过数学的学习建立起理性思维的习惯与能力。一事当前，不管它的具体性质是什么，如果你具有一定的数学思维，总可以从常识出发，运用逻辑推理了解其中的一部分内容，从而帮助你判断其真与假。没有数学思维的能力和习惯，你便有可能“明足以察秋毫之末，而不见舆薪”。

让我们从数学的视角谈谈数学和“真与假”的关系：

1. 制造真与假的手法

历代数学家们创作过许多关于真与假的图形与逻辑命题的有趣的判断方法。

图 1 是物理学家佐罗纳的一张幻觉图。图中所有竖直的线实际上都是平行的，但看起来却不是这样。当斜的线段与平行线段成 45°角时，造成的幻觉尤为强烈。这张图使人们把真的平行看作了不平行。

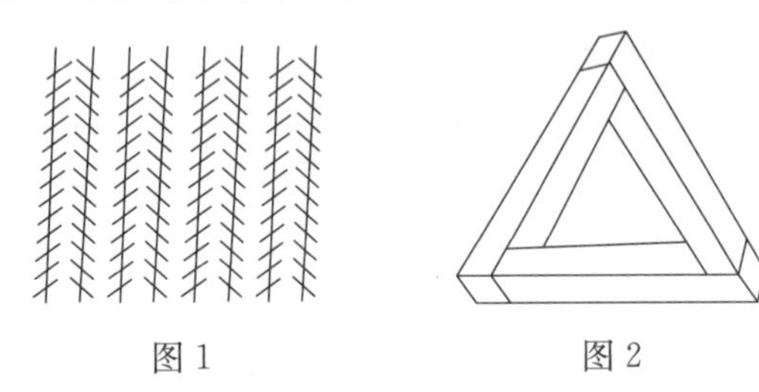

图 1　　图 2

图 2 是彭罗斯 1958 年在《英国心理学杂志》发表的不可能三接棍，他称之为立体的矩形构造：三个直角显示出垂直，但它是不可能存在于空间的，这里三个直角似乎形成一个三角形，但三角形是平面图形而非立体图形，它的三个角的和为 180°而非 270°，这张图又使人把假的当成真的了。

我们再看几个关于判断真假的趣味数学问题。

2. 判断真与假的智慧

例 1　一位国王有两个女儿，她们的名字是阿梅莉亚与利拉。其中一个人已经结婚而另一个还没有。阿梅莉亚总是说真话，而利拉总是说假话。国王允许年轻人向他的任何一个女儿提出一个不超过五个字的问题，如果能从回答中判断她是否已经结婚，就能得到奖赏——迎娶国王尚未结婚的女儿。你知道年轻人会怎样提出问题吗？

这位年轻人询问其中一个女儿：“你结婚了吗？”不管他问的是谁，如果对方回答“是的”，就意味着阿梅莉亚肯定结婚了；若对方回答“没有”，则意味着利拉是结了婚的人。比方说，如果年轻人问的是阿梅莉亚，当她回答“是的”，就意味着她说的是真话，因此阿梅莉亚就是已经结婚了的。要是她回答“没有”，她说的同样是实话，就意味着她的确没有结婚，因此利拉就肯定是那个结了婚的女儿。同样地，当年轻人问的是利拉时，如果她回答“是的”，那么她说的是假话，因此，她还没有结婚，肯定是阿梅莉亚已经结婚了；若利拉回答说“没有”，那么因她说的是假话，肯定是她已经结婚了。

例 2 生活在真话城的人始终都在说真话，而生活在假话城的人则始终说假话。现在有人希望前往真话城，他来到了通往两座城市的十字路口，看到了一个让他感到困惑、无法判断的路标。他不知道哪一边才是他要去的正确方向，不得不向十字路口的人询问。如果只允许他向其中一人提一个问题，就能从被询问者的回答中弄清前进的道路，他该提出什么样的问题呢？

他可以这样提问：“你是从哪一座城市来的？请指出方向。”

如果这个人来自说真话的城市，那么此人就会指向真话城；如果此人来自说假话的城市，那么此人也会指向相同的方向。因此他总能知道通往真话城的方向。

这样提问的妙处在于，不管得到怎样的回答，他都会知道应去的方向，但遗憾的是，他并不知道那人的回答是真话还是假话。

例 3 在一座名叫“没有人知道真相”的大都市里，有一些人总是说真话，也有一些人总是说假话，还有一些人一时说真话，一时说假话。现在让某人 A 与生活在这座城市里的某人 B 见面，A 只能够向 B 提两个问题，就能从 B 的回答中判断出 B 属于这三种类型中的哪一种人吗？A 会向 B 提出哪两个问题呢？

A 应该两次向 B 提出同一问题：“你是不是那个有时说假话，有时说真话的人呢？”要是 B 两次都回答“不是的”，那就说明他是一个说真话的人。要是他两次回答“是的”，这就说明他是一个说假话的人。如果他一次回答“是的”，一次回答“不是的”，这就说明他是一个有时说假话、有时说真话的人。

因为对同一个问题的两次回答，无论是说真话的人还是说假话的人都不可能有两种不同答案，所以对于两次回答“不是的”者必是说真话的人，对于两次回答“是的”者必然是说假话的人。

3. 论证真与假的逻辑

今有 A_1，A_2，…，A_n 共 $n(n\geqslant 2)$ 个人。A_1 说 A_2 讲假话，A_2 说 A_3 讲假话，…，A_{n-1} 说 A_n 讲假话；而 A_n 却说 A_1，A_2，…，A_{n-1} 都在讲假话，唯有他一人讲真话。试问：他们之中，究竟谁讲真话，谁讲假话？当然，他们每个人讲的话非真即假，这是不言而喻的。

由题意，除 A_n 外，任何两个号码相邻的人，上一人都说下一人说假话。如果他说的是真话，下一人必说假话；如果他说的是假话，下一人必说真话，因此假话和真话总是相间地出现。我们用一个 n 维布尔向量来表示，从左至右各分量依次代表 A_1 到 A_n。若某人说真话，则相应的分量用 1 表示；若说假话，则相应的分量用 0 表示。由于 n 有奇数、偶数的区别，开头的分量也有是 1 或 0 的不同，因而可能出现四种不同的 n 维布尔向量：

n 是奇数且以 1 开头：$(1, 0, 1, 0, \cdots, 0, 1)$ ①

n 是奇数且以 0 开头：$(0, 1, 0, 1, \cdots, 1, 0)$ ②

n 是偶数且以 1 开头：$(1, 0, 1, 0, \cdots, 1, 0)$ ③

n 是偶数且以 0 开头：$(0, 1, 0, 1, \cdots, 0, 1)$ ④

若 A_1 说真话，则 A_2 说假话；因 A_2 说假话，则 A_3 说真话；…，余可类推。

若 A_1 说假话，则 A_2 说真话；因 A_2 说真话，则 A_3 说假话；…，余可类推。

由此可见，除了最后一个分量 A_n 外，其余的 $n-1$ 个分量的值都与实际情况相符合，总是相间地说真话和说假话，不可能都说假话。因此 A_n 总是说假话。剩下的问题是：在上述的四种 n 维向量中，哪几种代表 A_n 说的是假话。

当 n 为奇数时，A_n 与 A_1 的值相同，当 A_1 说真话时，A_n 也说真话；当 A_1 说假话时，A_n 也说假话。所以①不成立；②为解，即奇数号的人说假话，偶数号的人则说真话。特别地，A_n 说假话。

当 n 为偶数时，A_n 与 A_1 的值相异，当 A_1 说真话时，A_n 则说假话；当 A_1 说假话时，A_n 则说真话。所以④不成立；③为解，这时奇数号的人说真话，偶数号的人(包含 A_n)说假话。

镜子中的数学

《红楼梦》第二十二回贾宝玉制作了一个灯谜：

南面而坐，北面而朝，象忧亦忧，象喜亦喜。（打一用物）

贾政道："好，好！如猜镜子，妙极！"

《红楼梦》里有两回写到镜子。一次是在第十二回写贾瑞的风月宝鉴；一回是写贾宝玉床前的大镜子。

贾瑞是一个行为不端、不务正业的人，曾经公然调戏王熙凤。凤姐一怒之下，设了一个恶局害得贾瑞生了大病，躺在床上奄奄一息。这时，一个跛足道人送来一面镜子，这面镜子叫"风月宝鉴"。道人告诫贾瑞，每天只照反面，便可保得性命，千万不可照正面，三日后来收取镜子，管叫你好了。可贾瑞不听告诫，照了正面，最终一命呜呼。

第五十六回写贾宝玉听说甄家也有一位宝玉，心里不信，只当是婆子们奉承贾母的谎言，没想到回到怡红院后，他做了一个梦。梦里到了江南甄家，贾宝玉和甄宝玉相见了。宝玉醒了，嘴里还喊着："宝玉快回来，快回来！"

贾瑞镜子的两面，照出的是人性的善与恶；宝玉镜子的两面，照出的是人性的真与假。《红楼梦》通过镜子来透视人性的两面，正如俗话所说的"要自己对着镜子照照"，在镜子里面也许能看到一些美丽的或丑恶的东西。后来人们还设计了一种"哈哈镜"，可以让照镜子的人变成各种各样的奇形怪状，给人以愉快感。

数学里的数字是枯燥无味的，但是数学家们把它们设计成各种"镜子"，使得一些本来枯燥乏味的数字产生美感。

数学家斯科特·基姆写的《反演》一书中，把英文单词“mirror”(镜子)设计成一个对称的图形(图 1)，把镜面反射和对称形象巧妙地结合起来了。

图 1

利用数字运算的一些性质，我们可以排出很多像镜面反射那样的有趣等式。

例 1 我们不难算出 $5^2=25$，$55^2=3025$，$555^2=308025$，…，但 55^2 和 555^2 可以写成下面的和式：

$$\begin{array}{r}
25\\
2525\\
+\quad 25\\
\hline
3025
\end{array}
\qquad\qquad
\begin{array}{r}
25\\
2525\\
252525\\
2525\\
+\quad 25\\
\hline
308025
\end{array}$$

如果把上面这两个算式中最长的一行 2525 和 252525 当作一面水平的镜子，或者说把它当作一条中轴线，那么其上下各个加数的排列就好像一座宝塔与它的倒影连在一起，给人以美感。

把上面的算式写得长一点，“倒影”的形象就显得更为明显，更为壮观了。如 $5555555^2=30864191358025$，可以将它写成如图 3 那样的和式。

$$\begin{array}{c}
25\\
2525\\
252525\\
25252525\\
2525252525\\
252525252525\\
——25252525252525——\\
252525252525\\
2525252525\\
25252525\\
252525\\
2525\\
+\qquad\qquad 25\\
\hline
30864191358025
\end{array}$$

图 3

我们自然会问，数字“5”可以组成这样的图案，对于其他的数字，比方说“1，2，3，4，6，7，8，9”等是否也有类似的性质呢？

例如，$4444444^2=19753082469136$，你试试看，能不能作出类似的数字宝塔。从以上几个和式我们可以看到，数学是多么和谐，多么美妙。有兴趣的读者，可以再检验几个数字，并研究一下这个镜面反射构成数阵的道理。

例 2 我国宋朝时期的数学家杨辉在公元 1261 年写了一本《详解九章算法》，里面画了类似下面这样一张图：

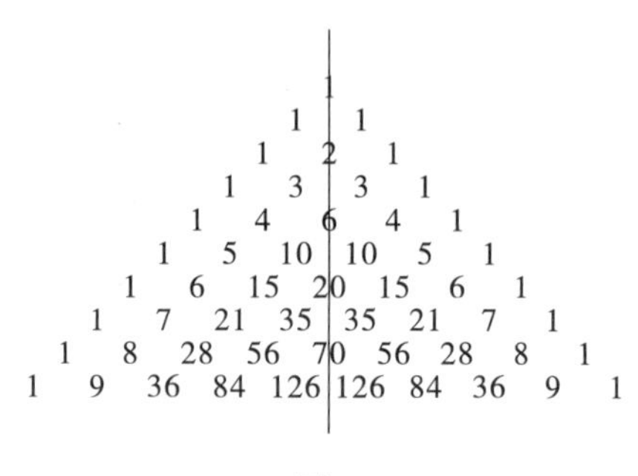

图 4

书中原图称为“开方作法本源图”。杨辉在书中说，这个方法出自《释锁算书》，贾宪曾经用过它。但《释锁算书》早已失传，其刊行年代已无从查考，是否贾宪所著也无法判定。所以后人干脆就称它为杨辉三角。在西方，这个图形称为“帕斯卡三角”，因为一般都认为这是帕斯卡在 1654 年发明的。其实在帕斯卡之前已有人论及过，最早的是德国人阿批纳斯，他曾经把这个图形刻在 1527 年著的一本算术书的封面上。但不管怎样，西方人发现杨辉三角至少要比中国人晚 300 年光景。

杨辉三角直接与组合数和二项式定理相联系，在数学中非常有用。如图 4，我们在杨辉三角中间的一列（1—2—6—20—70…）画一条线当作中轴线，那么两边的数字布局关于其中轴线对称。

例 3 我们看下面图 5 的这些算式，等式的两边不仅像两座宝塔，特别地，如果在等式左边把一列乘号“×”看作一面镜子，是一个镜面映射。在等式右边把中间一列数 2—3—4—5—6—7—8—9 看作一面镜子，也是一个镜面映射。

$$11\times11=121$$
$$111\times111=12321$$
$$1111\times1111=1234321$$
$$11111\times11111=123454321$$
$$111111\times111111=12345654321$$
$$1111111\times1111111=1234567654321$$
$$11111111\times11111111=123456787654321$$
$$111111111\times111111111=12345678987654321$$

图 5

有一个更有趣的故事说，一位数学博士生正在研究一个数学问题，因为找不到适当的解法而发愁。他的导师却对他说：“请你看看这两个用火柴棒摆成的等式，它们显然并不成立。现在请你移动最少根数的火柴棒，使两个等式成立。”

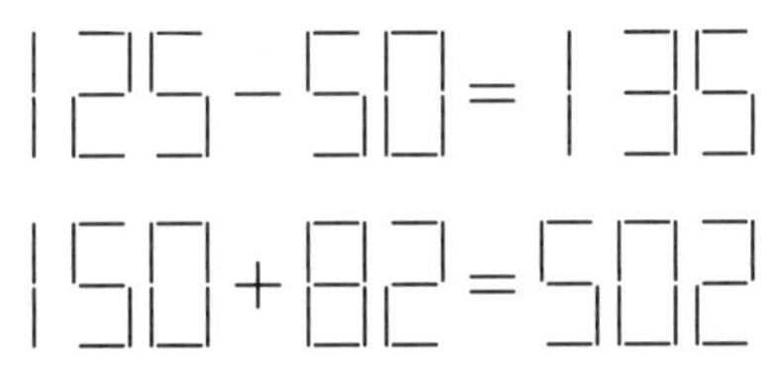

导师说完就走了。年轻人把火柴棒反复摆弄，始终不得要领。便把两个等式画在纸上带回家里，他的新婚妻子刚刚梳妆完毕，还在对着镜子自我欣赏。“妆罢低声问夫婿，画眉深浅入时无。”博士看见妻子对着的镜子，突然灵机一动，来不及欣赏妻子的芳姿，一手抢过镜子，把镜子垂直竖立在两个错误等式的前面，从镜子里面立即看到了两个正确的等式。原来他的导师是研究反射变换问题的权威，导师在提示他，对于他正在做的课题，可借助反射变换去研究，用不着另找别的途径。

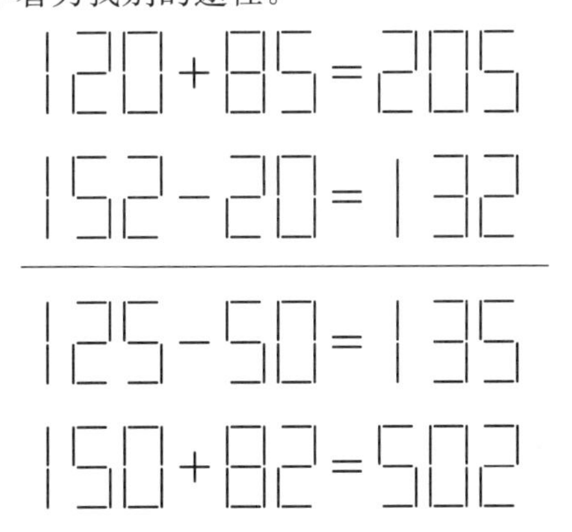

章回结构与数独

著名红学家周汝昌先生曾多方论证，认为《石头记》即《红楼梦》，全稿以九回为一情节单元，十二为书中常数，所以全书应该有 9×12＝108(回)。而 108 回加上开卷楔子与终卷之“情榜”，即符“百十回”之总计数。第一回至第五十四回为全书前半扇，写富贵荣华达于极致。第五十五回至第一百零八回为后半扇，写盛极而衰。

首先，周先生认为“十二”是书中常数是有道理的。有人统计过：在《红楼梦》的前 80 回里，至少有 27 个回目中出现过“十二”或“十二”的倍数的字样。其中，至少有 72 个单独的“十二”，以及 19 个“十二”的倍数中含有的 487 个“十二”，两者相加，至少有 559 个“十二”。

其次，周先生认为《红楼梦》以“九”为情节单元，也合于中国文化之精神。九是数之极，不是强调众多，就是突出极度。宋朝罗大经《鹤林玉露》说：“数穷于九，九者，究也。至十，则又为一矣。”古典书籍称九者颇多。文学作品最为著名的是屈原的《九歌》，数学中最著名的则是《九章算术》。刘徽为其所作的序中说：“按周公制礼而有九数，九数之流，则《九章》是矣。”而九宫图则可以视为“九数”的形象化布局。

九宫图来源于河图、洛书。《周易》中有“河出图，洛出书，圣人则之”的说法，古人认为“河图”“洛书”是神明对圣人的启示，伏羲根据它画出了“类万物”的八卦，大禹根据它制定了治国的九类根本大法。圣人是以“河图”“洛书”为观物论事、著书立言的参照布局的。因此，《红楼梦》的章回布局用“九宫图”为参照，以九回为单元进行展开，是有很大的可能性的。

根据周汝昌先生的思路，我想到可以把《红楼梦》的章回结构和一个数学游戏——数独结合起来。

什么是数独游戏呢?

数独游戏是一种可供一个人(也可以多人合作)玩的数学游戏。要求玩家利用逻辑推理，按规定在其他的空格内填入 1～9 的数字。数独的难度与给出的提示数的个数多少、分布状态以及提示数的布局有关。

如图 1，画一个 9×9 的方格表，表中给出了一些 1～9 的数字，称为提示数。要求玩家在图 1 中的空格内填入 1～9 的数字，使得 1～9 的每个数字在每一行、每一列和每一个小“九宫格”中都恰好出现一次，不能重复，不得遗漏。

图 2 是这个游戏的一个解答。

				4	6			
	2	5		7				1
		4					6	
						6		
7			5			4		
5	3				8		9	
4		2						
				8		3		5
		9						

图 1

8	1	3	2	4	6	5	7	9
6	2	5	3	7	9	8	4	1
9	7	4	8	1	5	2	6	3
2	4	1	7	9	3	6	5	8
7	9	8	5	6	1	4	3	2
5	3	6	4	2	8	1	9	7
4	5	2	1	3	7	9	8	6
1	6	7	9	8	4	3	2	5
3	8	9	6	5	2	7	1	4

图 2

《红楼梦》前 80 回的作者为曹雪芹是没有争议的，而后 40 回作者是谁则一直存在着争论。有人认为后 40 回并非曹雪芹所作，因为不符合前 80 回逻辑的发展，要重新续写红楼梦者不乏其人。我们设想：如果把前 80 回用 1～9 这些数字编号，周而复始；后 40 回则打包编号为 9。编号之后，去做一个数独游戏。把前 80 回的编号数字，填进图 1 的格子里(图 1 中原有的数字可看作是先填入的)，前 80 回占住了 80 个小方格，代表后 40 回的数字放入最后剩下的那个小方格。看看那个小方格在什么位置? 你会发现，每做一次都可能得到不同的结果。

这个游戏告诉我们，虽然知道前 80 回的编号一定布局在图 1 中的 80 格内，但代表后 40 回的最后一格是哪一格并无法知道，而且变化无常。续写红楼梦有必要吗? 有可能吗? 通过游戏或许能使我们得到启迪，续写红楼梦是没有什么实际意义的，既无必要，也无可能。

数独起源于18世纪初瑞士数学家欧拉等人研究的拉丁方。19世纪80年代，美国的退休建筑师格昂斯根据这种拉丁方发明了一种填数趣味游戏，这就是数独的雏形。20世纪70年代，美国纽约的益智杂志 *Math Puzzles and Logic Problems* 刊载了这个游戏，当时被称为填数字(Number Place)，这也是目前公认的数独最早的见报版本。1984年一位日本学者将其介绍到了日本，发表在 Nikoli 公司的一本游戏杂志上，当时起名为"Suuji wa dokushin ni kagiru"，后来觉得这个名字太长，便改名为"sudoku"，其中"su"是数字的意思，"doku"是单一的意思。20世纪90年代开始在我国流行。

数独中水平方向有九个横行，每一横行称为行，每一行有九格；垂直方向有九个纵列，每一纵列称为列，每一列有九格。整块数独分成 $3\times3=9$(宫)，每一宫有九格。格、行、列、宫统称为单元；而行、列、宫又统称为区域。由三个连续宫组成的大行或大列则称为区块。

数独问题的基本解法分为排除法与唯一余数法。

(1) 排除法

拿一个数字去找单元内唯一可填这个数字的空格称为排除法。根据不同的作用范围，排除法可分为下述三种：

数字可填的唯一空格在"宫"单元时称为宫排除法。

数字可填的唯一空格在"行"单元时称为行排除法。

数字可填的唯一空格在"列"单元时称为列排除法。

(2)余数法

如图3所示，当数字 A 已经填入后，所有带阴影的20格都不能再填入数字 A，此20个单元格称为 A 的等位群格。余数法是删减等位群格中已出现的数字的方法。

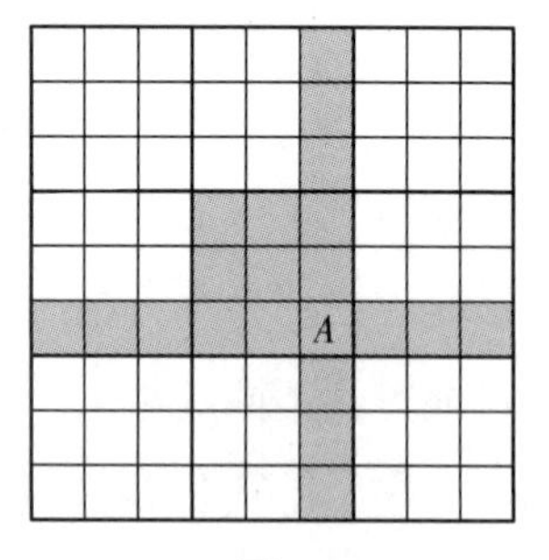

图3

除了两个基本解法之外，还有一些次要的辅助性解法，可用以补助基本解法之不足。

影响数独谜题难度的因素很多，提示数的多少当然是一个重要的因素。也许有人认为，如果一道谜题的提示数少，那么题目就会相对较难，提示数多则会较为简单，但事实并非如此。数独谜题提示数的多寡与难易程度并无绝对的关系，不但多提示数比少提示数难的情况屡见不鲜，而且增加提示数之后谜题反而由易变难的也不乏其例。即使是提示数(甚或相同谜题图形)相同时也可以变化出各式各样的难度。不过，提示数的多少对于出题难度则有比较直接的影响，以 20～35 个提示数而言，每少一个提示数，其出题难度会增加数倍。在制作谜题时，提示数在 22 个以下时就非常困难，所以常见的数独题，其提示数多为 23～30 个(图 1 这个例子就是 22 个提示数)，因为这时困难较少，可以设计出比较漂亮的外观图形和变化多端的谜题。

数独中的数字排列千变万化，究竟有多少种终盘的数字组合呢？如果将等价终盘(如旋转、翻转、行列对换、数字对换等变形)不计算在内，则有 5472730538 个组合。数独终盘的组合数量已经如此惊人，而每个数独终盘又有可能由若干道不同的数独谜题得到，数独题目数量可说是不计其数了。

构造一道标准的 9×9 数独谜题最少需要多少个提示数呢？据有关资料介绍，一般需要 17 个。截至 2011 年底，已发现的 9×9 标准数独中提示数最少的为 17 个，由 17 个提示数编制的非等价的谜题共有 49151 个。

国内外都有关于数独的竞赛，中国也有两家。北京国际数独大奖赛是由北京广播电视台主办的一项国际数独赛事，该赛事奖金颇高，于 2011 年首次举办。中国数独锦标赛由国内的世界智力谜题联合会授权组织，每年举办一次。该赛不设门槛，无论新人还是老手均可参加。

下面提供两个含有 22 个提示数的数独题供读者练习。

3								
	2		9			6	4	
1					4		8	
	3							1
		5		8		7		4
			3	1				
							1	7
								2
6		4		9				

		1				6		
	9	5			3			8
				6	1			
		7						
					2		4	5
1		9						
3			5				1	
							6	
5	4			2		7		

白茫茫一片真干净

《红楼梦》第一二〇回是全书的终结。上一回写贾宝玉中了第七名举人，但是人却走失了，贾府合家上下四处找寻，渺无音讯。

第一二〇回写道：贾政扶贾母灵柩回金陵安葬后，回家路上行到毘陵驿地方，天下大雪，船泊在一个清静去处。贾政独自留在船中写家书。抬头忽见船头上微微的雪影里面一个人，光着头，赤着脚，身上披着一领大红猩猩毡的斗篷，向贾政倒身下拜。贾政尚未认清，急忙出船，欲待扶住问他是谁。那人已拜了四拜，站起来打了个问讯。贾政才要还揖，迎面一看，不是别人，却是宝玉。贾政吃一大惊，急忙向他问话，忽然船头上来了一僧一道，夹住宝玉说道："俗缘已毕，还不快走。"说着，三人飘然登岸而去。贾政不顾地滑，疾忙来赶，见那三人在前，那里赶得上？只听得他们三人口中不知是那个作歌曰：

我所居兮，青埂之峰。我所游兮，鸿蒙太空。谁与我游兮，吾谁与从？渺渺茫茫兮，归彼大荒。

转瞬之间三人都不见了，只剩得白茫茫一片真干净！

第七名举人走了，带走了世上的浮名、人生的幻梦，只留下了一个孤零零的而又神秘的七。对于索隐派的研究者来说，这个"七"是否也隐含着某种深刻的含义呢？我国古老的儒家经典《周易》的《复卦》中有"七日来复"的话，其大意是说，什么事情过去以后，不需太长的时间又会反复，以七个时间单位为循环。因此《红楼梦》的书已尽而事未完，在人世间将不断地"七日来复"，为那些续写《红楼梦》的人们留下了广阔的空间。

有一个有趣的数学谜题生动地反映了以“七”为循环的现象。有一个六位的正整数，将它分别乘以 1，2，3，4，5，6 后，仍然得到一个六位数，而且它们的六个数字仍然是原来六位数的六个数字，只是排列的顺序不同，求这个六位数。

分析　设这个六位数是$\overline{abcdef}$，将它缩小到 1/1000000，便成为一个小数 0. $\overline{abcdef}$，依题意，这个小数乘以 1，2，3，4，5，6 后仍然是一个纯小数，但乘以 7，就可能大于或等于 1 了，这个小数应该接近$\frac{1}{7}$，因$\frac{1}{7}=$ 0.142857142857…，于是，我们猜想，将$\overline{abcdef}$分别乘以 1，2，3，4，5，6 后，仍然得到以 1，4，2，8，5，7 六个数字为循环节（排列顺序不同）的循环小数。通过实际检验，知道结论正确。所以，所求的六位数是 142857。

更有趣的是，即使只剩下一个孤零零的 7，数学家们也能据此编出一些非常有趣的数学问题。

例 1　下面这道八位数除以三位数的竖式除法算式中，只知道商的千位数字是一个 7，其余数字一概不知道，试根据算式的形状，将其余数字求出来。

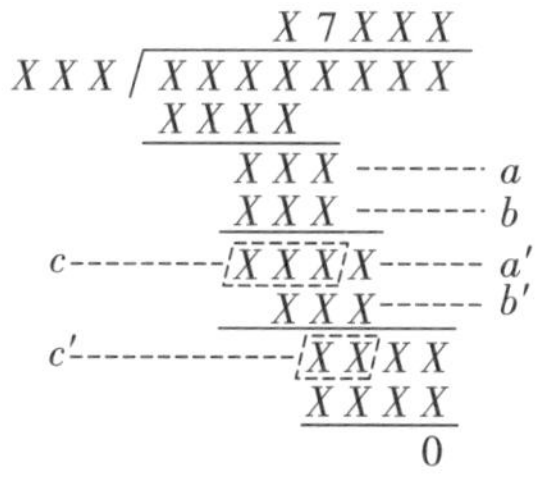

```
                  X 7 X X X
           ___________________
     X X X / X X X X X X X X
             X X X X
             _______
                 X X X -------- a
                 X X X -------- b
                 _________
 c ------------ [X X X]X ------ a'
                   X X X ------ b'
                 _____________
 c' --------------- [X X]X X
                     X X X X
                     _______
                           0
```

分析　首先注意到，在除法进行到十位数商数时，没有出现商与除数的积，被除数十位和个位一起都下去了，所以十位数字是 0。

其次，不难发现，商的万位数字和个位数字都比 7 大，因为商的万位数字与个位数字与除数的乘积都是四位数，而 7 与除数的乘积只是三位数。

再次，7 与除数的乘积 b 是三位数，商的百位数字与除数的积 b' 也是三位数，但三位数 a 与 b 的差 c 是一个三位数，四位数 a' 与 b' 的差 c' 为一个两位数，故必 $c>c'$，列出这两个算式：

$$a-b=c \quad ①$$

$$a'-b'=c' \quad ②$$

由①－②，得

$$(a-a')+(b'-b)=c-c'$$

$$b'-b=(c-c')+(a'-a)>0$$

由此可见 $b'>b$，知商的百位数字也比 7 大。商的万位、百位、个位数字只能是 8 或 9，其中必有两个相同。因为商的万位、个位数字与除数的乘积均为四位数，而百位数字与除数的乘积为三位数，故商的百位数字为 8，万位数字与个位数字为 9，即商为 97809。

最后，我们来确定除数。注意商的百位数字 8 与除数的乘积(b')是三位数，可以知道，除数不能超过 124。再看除式中最后一个减法，是四位数减四位数，其中被减数的前两位数(c')不可能大于 12。而 c' 是前面的四位数 a' 与三位数 b' 的差，a' 至少是 1000，而 $c'\leqslant 12$，故 $b'\geqslant 988$。所以除数 $\geqslant 988\div 8$，至少是 124。于是，可以断言，除数就是 124。从而，被除数是：

$$124\times 97809=12128316$$

例 2 在下面的除法算式中，被除数能被除数除尽。式中除了七个 7 分散出现在七处外，其余的数字都偶然不慎被擦掉了，那些不见了的数字是一些什么数字？

```
                  X X 7 X X
X X X X 7 X ) X X 7 X X X X X X X    第一行
              X X X X X X            第二行
              X X X X X 7 X          第三行
              X X X X X X X          第四行
                X 7 X X X X          第五行
                X 7 X X X X          第六行
                X X X X X X X        第七行
                X X X X 7 X X        第八行
                  X X X X X X        第九行
                  X X X X X X        第十行
                            0
```

分析 (1)用 α 代表除数，因为第六行的乘积 7α 为六位数，α 的第一位数字 A 必定是 1，否则 7α 会成为七位数。

(2)因为第四行和第八行是七位数，故其第一位都是 1。

由于第三、七行运算所得的余数为六位数，小于除数 α，故其第一位都是 1。

因为第七行第二位只能是 0 或 9，但因 α 不超过 199979，第八行不超过 $9\times 199979=1799811$，故第七行第二位为 0，从而第五行第一位不小于 8，第六行第一位为 7 或 8。

这样 α 的第二位数字 B 必是 0，1，2 中的某一个。

若 $B=0$，因 $109979\times9=989811$，不能成第八行的七位数，矛盾。

若 $B=1$，由于 $7\alpha\leqslant7\times119979=839853$，所以第六行第一位为 7，而 $780000\div7<111429$，所以 α 的第三位数字 C 只能为 0 或 1。

若 $C=0$，因 $110979\times9=998811$，无法达到第八行的七位数，矛盾。若 $C=1$，由于第八行是七位数，且 $111979\times8=895832$，故除式商的第四位数字为 9。由于第八行倒数第三位是 7，通过验算，α 的第四位数字 D 为 0 或 9。若 $D=0$，$111079\times9=999711$，则第八行是六位数，矛盾；若 $D=9$，则因第六行是 7×11197★=783★★★，矛盾。因此 $B=1$ 也应排除。所以 $B=2$。

(3)由 $B=2$ 推出第五行第一位为 9，第六行第一位为 8。

因 126000×7 大于第六行，124000×7 小于第六行，知 α 的第三位数字 $C=4$ 或 5。再者，由 124000×9 大于第八行，而 126000×7 小于第八行，从而商的第四位数字为 8，因为 $124979\times8=999832$，为六位数，不满足第八行，矛盾。因此 $C=5$。

(4)由于 125★7★×8 的倒数第三位数必须是 7，通过试验知 α 的第四位为 4 或 9。若 $D=9$，则因 125970×7 大于第六行，故 $D=4$。进一步经检验知，α 的第六位数字 F 是 0～4 中的数。不管是哪一个，由 12547★×7＝878★★★，知第六行第三位为 8；由 12547★×8＝10037★★得到第八行第三位为 0，第四位为 3。又因第四行是七位数，要求商数的第二位为 8 或 9。

(5)由第八行第三位为 0 和第九、十行的第一位不为 0 及已求出各数知，第七行第三位为 1，第五行第三位为 9，从而第九行第一位为 1，所以商的最后一位为 1，第九行为 12547★，第七行第四位为 6。至此，已导出所求算式为：★★7★★★★★★★★÷12547F＝★★781。

(6)因为 $F\in\{0, 1, 2, 3, 4\}$，根据商的第二位为 8 或 9，分别检验，最后可确定算式为：$7375428413\div125473=58781$。

这是一道初等数学历史名题，是英国数学家贝威克在 1906 年提出的，后来被德国学者海因里希·德里的《100 个著名的初等数学问题——历史和解》一书收录。

劝君莫再续红楼

《红楼梦》到了第八十回出现了一个大问题，以后的四十回还是曹雪芹所写的吗？如果不是，那么后四十回的作者是谁？对于这个问题，文学史上一直未能定论，一般认为后四十回是高鹗所写，但却缺乏足够的证据。考证《红楼梦》后四十回的作者是谁，一直是红学研究中的热点课题。有趣的是，这个问题的研究和考证，今天已经跳出了前人只从文字、历史、地理、档案等方面下功夫的窠臼，竟然和数学产生了密切的联系。

20 世纪中叶，出现了一门新的学科——计算风格学。计算风格学是以计算机为工具，以数理统计为手段，对不同作家的作品风格进行统计分析的一门学科。作家的作品都有各自的语言习惯，如句子长短、遣词造句等等，不同的作家各有不同的风格。前人所谓“元轻白俗，郊寒岛瘦”的评论，也说明了唐朝诗人写诗时的不同风格。利用计算风格学的方法对文学作品中的疑案(特别是对作品的作者)进行考证，已经有了许多有说服力的成功范例。

1964 年，美国两位统计学家摩斯泰勒和瓦莱斯考证了 18 世纪末期报刊上署名为 Federalist(联邦主义者)的 12 篇文章的作者，作者的候选人只有两人：一个是美国开国政治家汉密尔顿，一个是美国第四任总统麦迪逊。

这两位统计学家对这两位作者其他著作的特征进行统计分析，终于发现这两位作者在某些虚词的使用上存在着明显的差异，由此推断出这位署名“联邦主义者”的作者就是美国第四任总统麦迪逊，从而结束了现代考据史上的一桩公案。两位统计学家的数学方法得到了学术界的一致好评。

另一个成功的例子是对小说《静静的顿河》作者的考证。苏联著名作家肖洛霍夫的名著《静静的顿河》出版后，早在 1928 年就有人说这本书是抄袭哥萨克作家克留科夫的。1974 年，一位匿名的作家在法国巴黎出版了一本书，断言克留科夫才是《静静的顿河》的真正作者，肖洛霍夫是一个剽窃者，充其量不过是一个合作者罢了。特别是该书的第一、第二卷更是如此。

为了弄清事实真相，一些学者利用计算风格学的方法来考证《静静的顿河》的真正作者究竟是谁。他们的具体做法是：把《静静的顿河》四卷本同肖洛霍夫与克留科夫两人其他没有疑问的作品用计算机提取各种数据，加以分析比较，分析的结果表明，有充分的理由可以断言，《静静的顿河》确系肖洛霍夫的作品。到了 1990 年 5 月 19 日，莫斯科的一则电讯说：苏联发现了长篇小说《静静的顿河》的两篇原稿。经专家鉴定，这两篇原稿均出自肖洛霍夫的手笔，与利用计算风格学所得的结论完全一致。至此，这一长达数十年的文坛公案遂告结束。

这些成功的范例启发红学家使用计算风格学研究《红楼梦》的尝试。

1954 年，瑞典汉学家高本汉考察了 38 个汉字在《红楼梦》前八十回和后四十回中出现的情况，认为前后作者为一人。高本汉的研究方法可能已经涉足到计算风格学。

1980 年 6 月，首届国际《红楼梦》研讨会在美国召开，美国威斯康星大学讲师陈炳藻独树一帜，宣读了题为《从词汇上的统计论〈红楼梦〉作者的问题》的论文，首次借助计算机进行《红楼梦》研究，轰动了国际红学界。陈炳藻从字、词出现频率入手，通过计算机进行统计、处理、分析，对《红楼梦》后四十回系高鹗所作的流行看法提出异议，认为一百二十回均系曹雪芹所作。

从此以后，在中国红学界开始形成了以数学方法研究《红楼梦》的热潮，他们的研究方法应该说是一种非常有益的尝试。现在值得注意的是另一种现象。因为《红楼梦》的前八十回与后四十回是否为一人所作没有定论，于是便有一些人认为《红楼梦》的后四十回不合前八十回的思想，因而要重新续写后四十回，使它更契合前八十回的思想。因此，小说界不断地传出有新的《续红楼梦》出版，前行后继，时有高人。

这样做有必要或可能吗？前面我们曾用七巧板和数独为例，谈到过续写的不可，现在仍然再从数学观点来谈谈这个问题。

一家电视台播放一个智力测试的节目，曾有一道这样的试题：

根据规律在括号中填上适当的数：

1，3，7，15，(　　)，63，…

只要关心一下各级数学考试的试题，上至研究生入学考试，下至小学数学竞赛，都经常出现这一类试题。这个数列的构造规律是什么呢？括号里应该填什么数呢？也许你很容易发现：

$1=2^1-1$，$3=2^2-1$，$7=2^3-1$，$15=2^4-1$，(　　)，
$63=2^6-1$，…

由此可见，这个数列的规律是第 n 项 $a_n=2^n-1$，所以括号里的第五项是 $2^5-1=31$，应该填 31。

但是，也许还有人看到：

$1=3^1-2$，$3=4^1-1$，$7=3^2-2$，$15=4^2-1$，(　　)，
$63=4^3-1$，…

这个数列的规律又可看作是第$(2n-1)$项 $a_{2n-1}=3^n-2$；第 $2n$ 项是 $a_{2n}=4^n-1$，那么括号里的第五项应该是 $a_5=3^3-2=25$，故应填 25。

又例如，不久前网络视频上看到一位老师给小学生讲下面的问题：

找规律，在括号里写出下一个数，但这个数不是 53。

48，49，50，51，52，(　　)

老师给出的答案是“应该填 54”。他的理由是：

既然答案不是 53，那么就要从别的方面思考。因为 48，49，50，51，52 都是合数，但 53 是质数，所以下一个数不能写 53，而应该写 52 后面的第一个合数 54。

在这个问题中，由于只给出了前五个数，而没有提出从这五个数设计出第六个数时需要遵守的任何规则与要求，没有任何理由说它的下一个数一定是合数 54。这位老师说的理由是他发现的“规律”，而不是题目明文规定的，或者可以逻辑推出的。例如我们也可以认为，第六个数是前面五个数的平均数，即

第 6 个数$=(48+49+50+51+52)\div 5=50$

两个答案哪个正确呢？两个都正确。这说明了，如果没有明确指出一个数列的构造规律，要从一个数列的前几项推出数列的“规律”，得到的结果往

往是不唯一的。只知道前面几项时固然如此，即使知道了很多项亦复如此。

例如，有一个数列的前 80 项依次是：

1，2，3，4，5，…，77，78，79，80(第 80 项)，…

它的第 81 项是什么呢？你当然会想到是 81($a_n=n$)；但是这个答案不是唯一的，答案也可能是 82。我们只要定义数列的规律是 $a_n=\left[n+\frac{n}{81}\right]$，这里的符号$[x]$的意义是把正数 x 的小数部分舍去，得到不超过 x 的最大整数，如$[1.27]=1$，$[\pi]=3$，等等。当 n 小于 81 时，$\frac{n}{81}$是小数，被舍去了，这时 $a_n=n$；但当$n=81$ 时，$\frac{n}{81}=1$，成了整数，不再舍去，从而使第 81 项不再是 81，而是 82 了。

这类找规律填数问题，当没有指出构造新数的规律时，解法固然不能确定，即使有时指出了下一个数的构造规律，要写出它来也仍然不能确定。

例如，首届“华罗庚金杯赛”有这样一道试题：

从 n 个不同的正整数中任取两个数，若这两个数的积能被这两个数的和整除，那么称这组数为 n 个数的祖冲之数组。

请在下面括号中填入适当的数，使它们成为一个祖冲之数组：

18900，37800，(　　　)，75600

解　考虑两个正整数 a 和 b，要使$\frac{ab}{a+b}$为整数，最简单的办法是使 $b=ka$，则$\frac{ab}{a+b}=\frac{ka^2}{(1+k)a}=\frac{ka}{1+k}$，因为 k 与 $1+k$ 互素，即$(k, 1+k)=1$，所以要求 a 能被 $1+k$ 整除。

记四个数依次是 A，B，C，D，并设 $A=a$，$B=2a$，$C=3a$，$D=4a$，则按祖冲之数的定义，应有

$$\frac{AB}{A+B}=\frac{2a^2}{3a}=\frac{2a}{3},\quad \frac{AC}{A+C}=\frac{3a^2}{4a}=\frac{3a}{4},\quad \frac{AD}{A+D}=\frac{4a^2}{5a}=\frac{4a}{5},$$

$$\frac{BC}{B+C}=\frac{6a^2}{5a}=\frac{6a}{5},\quad \frac{BD}{B+D}=\frac{8a^2}{6a}=\frac{4a^2}{3},\quad \frac{CD}{C+D}=\frac{12a^2}{7a}=\frac{12a}{7}$$

要使各商式都是整数，则 a 必须为各分母 3，4，5，7 的公倍数，其最小公

倍数为 $3\times4\times5\times7=420$。注意到 $18900=420\times45$，故取 $A=18900$ 是合理的，从而 $B=18900\times2=37800$，$C=18900\times3=56700$，$D=18900\times4=75600$。因此，18900，37800，56700，75600 是一个祖冲之数组。(　　)内应该填数 56700。

但是 56700 是不是唯一可填的数呢？那也不一定。

如果设 $A=a$，$B=2a$，$C=8a$，$D=4a$，则

$$\frac{AB}{A+B}=\frac{2a^2}{3a}=\frac{2a}{3},\quad \frac{AC}{A+C}=\frac{8a^2}{9a}=\frac{8a}{9},\quad \frac{AD}{A+D}=\frac{4a^2}{5a}=\frac{4a}{5},$$

$$\frac{BC}{B+C}=\frac{16a^2}{10a}=\frac{8a}{5},\quad \frac{BD}{B+D}=\frac{8a^2}{6a}=\frac{4a}{3},\quad \frac{CD}{C+D}=\frac{32a^2}{12a}=\frac{8a}{3}$$

诸分母的最小公倍数为 45，而 $18900=45\times420$，故取 $a=18900$，则 $A=18900$，$B=18900\times2=37800$，$C=18900\times8=151200$，$D=18900\times4=75600$。也就是说，18900，37800，151200，75600 也是一组祖冲之数组，所以括号里的数又可填 151200。

对于具有高度确定性的数学尚且如此，不能从一个数列的前 80 项推出后面的 40 项是什么。对于一部可以虚构情节的小说，如果我们只读了它前面的若干回，能够肯定它的后续章节必然会怎样写下去吗？这个数列，可以说明续写《红楼梦》的不可。如果非要续写的话，那么也只能是一部新小说，与曹雪芹的前 80 回并没有什么关系。

生活的常识

大观园的面积

大观园是《红楼梦》的主要活动场所。顾名思义，大观者，洋洋大观也。其中有王侯气派的亭台楼阁，田园风光的竹篱茅舍；奇山秀水，曲径通幽；名花古树，绿荫遍地。大观园应该有较大的面积，它的面积究竟有多大呢？

《红楼梦》第十六回里贾蓉说：“ 从东边一带，接着东府里花园起，至西北，丈量了，一共三里半大 ，可以盖造省亲别院了。”贾蓉的这一段话应该是确定大观园面积的重要根据。但是“三里半大”中的“里”和“大”并不互相匹配。“里”是长度的单位，“大”是面积的形容。这里的所谓“三里半大”究竟是长度还是面积呢？

如果“三里半”指面积，即大观园的面积约为 3.5 平方里。根据《数理精蕴》记载，康乾时代的一平方里大约合 540 亩，3.5 平方里即为 1890 亩。圆明园占地大约 5200 亩，颐和园占地大约 4300 亩，北京故宫则只有 1080 亩。大观园的面积竟然接近皇宫的两倍，大概是不可能的，不仅是财力之所不许，也可能是王法之所难容。

如果“三里半”指长度，即围绕大观园转一圈，有三里半路程。用三里半的长度围成的一块地最大能有多少面积呢？根据数学中的等周定理，大观园的面积不会超过周长为 3.5 里之圆的面积，即

$$S \leqslant \pi \times \left(\frac{3.5}{2\pi}\right)^2 \text{ 平方里} \approx 0.975 \text{ 平方里} \approx 526 \text{ 亩}$$

这意味着大观园的面积不会大于 526 亩。据红学家们研究画出的大观园图，基本上是一个正方形，不可能达到这个面积的。如果按正方形估算，大观园的面积约为

$$S=\left(\frac{3.5}{4}\right)^2 \text{平方里} \approx 0.766 \text{平方里} \approx 413 \text{亩}$$

相当于故宫的38%。在那贵族们不久前还曾经跑马圈地的年代，对于富可敌国的贾府来说，达到这个面积却是完全可能的。

因此我们可以说，大观园的面积大约为400亩。但实际情况是不是这样，只能留待红学家们去考证了。

在这里我们先谈谈刚才提到的数学中的等周定理，这个定理说：

当一个封闭图形的周长一定时，以圆的面积为最大。

为什么在周长一定的平面图形中，圆的面积最大呢？在回答这个问题之前，我们先看一个有趣的实验：将一条有固定长度的柔软的细丝的两头连接起来，围成一条有任意形状的封闭曲线，如图1(a)，将此曲线轻轻地放在一个蒙有肥皂膜的铁框上，如图1(b)。如果用小针将曲线内的薄膜刺破，这条曲线就立刻变成一个圆，如图1(c)。因为"在表面张力的作用下，液体有使其表面积达到最小的趋势"。当我们刺破细线圈的薄膜时，肥皂膜在表面张力的作用下，迅速向四周收缩，达到最小的面积。由于铁框的面积是固定的，线圈围住的面积就达到最大。

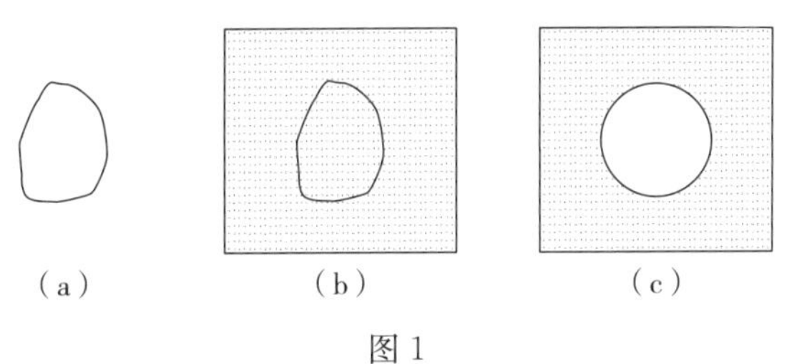

图1

这个现象告诉我们：所有周长相同的封闭平面曲线F中，当F是一个圆时(其围住的)面积最大。

物理实验是可信的，但不能代替数学证明。我们来证明这个结论：

(1)首先肯定F必定是一个凸图形，即没有凹进去的部分。如图2，如果F不是凸图形，一定可以在F上找到A，B两点，使线段AB整个都在F的外部，现在将F中凹进去的一段弧ACB翻折到AB的外侧，就得到一个新图形，周长没有变，但面积增大了，与F的面积最大相矛盾。所以F必然是凸图形。

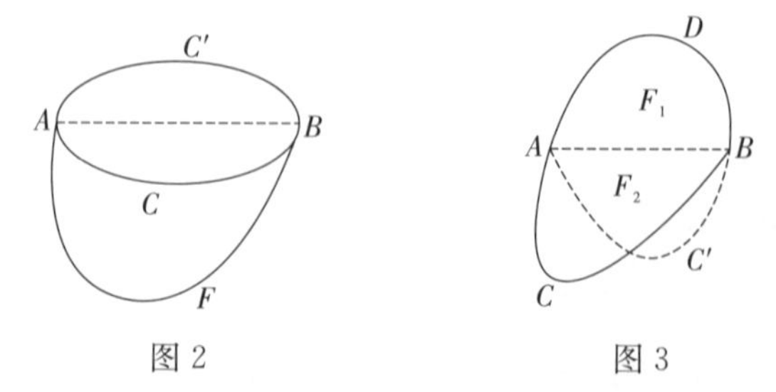

图 2　　　　　　　　图 3

(2)设 A、B 是曲线 F 上的两点，它们恰好把曲线分成相等的两条弧，即弧 ACB 与弧 ADB 的长度相等。那么连接线段 AB，就把 F 分成了两个图形 F_1 和 F_2，必然有：

$$F_1 \text{ 的面积} = F_2 \text{ 的面积}$$

如果不是这样，则不妨设 F_1 的面积大于 F_2 的面积。现在将 F_1 的弧 ADB 以 AB 为对称轴翻折过来，得到弧 $AC'B$，于是，新的封闭曲线$AC'BDA$的周长仍与 F 相等，但面积比 F 大，与 F 的面积最大相矛盾。

(3)最后证明图 3 中 F 的一半必为半圆，从而整个图形为一个圆。

假设 F 的一半 F_1 不是半圆，如图 4，在 F_1 的边界上取一点 D，连接 AD 和 BD，则$\angle ADB \neq 90°$(否则 F_1 的边界即为以 AB 为直径的半圆)。AD 弦与 AD 弧所围成的图形记作 f_1，BD 弦与 BD 弧所围成的图形记作 f_2(图 4中阴影部分)。

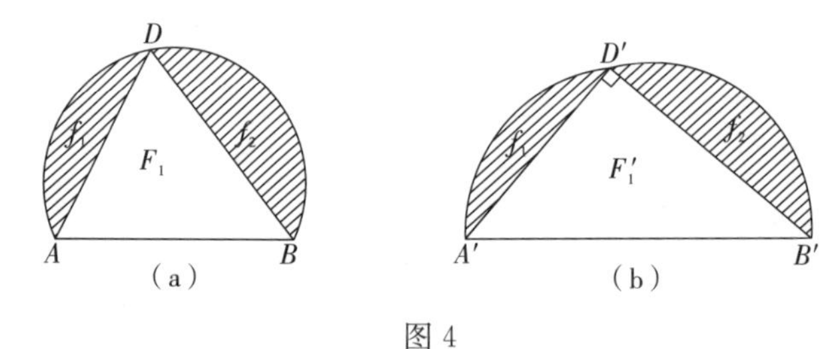

图 4

作直角三角形 $A'B'D'$，使 $A'D' = AD$，$B'D' = BD$，$\angle A'D'B' = 90°$，则：

$$\text{直角三角形 } A'B'D' \text{ 的面积} > \text{三角形 } ABD \text{ 的面积}$$

再把 f_1 加到 $A'D'$上，f_2 加到 $B'D'$上得到一个新图形 F_1'，如图 4(b)，它的面积大于 F_1，但周长的曲线部分与 F_1 的相等。现将 F_1'以 $A'B'$为对称轴翻转过来，得到一个周长与 F 相同，但面积大于 $2F_1$，即大于 F 的图形，与 F 面积最大的假设相矛盾。

这就证明了：F 必定是一个圆。

谈到等周定理，还使我们联想到许多有趣的故事。

例 1　一张牛皮围住的土地

北非的著名古国迦太基坐落于非洲北海岸(今突尼斯)，与罗马隔海相望。迦太基曾经是一座伟大的城市，但因为在三次布匿战争中两次失败而被罗马灭亡。

据说建造这座城市的是古代腓尼基国的美丽公主狄多。她由于不满父母作主的包办婚姻，追求爱情生活的自主而私奔，逃到了地中海的彼岸——北非。为了谋生，她托人同当地部落的酋长谈判，打算在海边购买一块土地。但是贪婪的酋长索取高价，却只肯给她一块用一张公牛皮所能围住的土地。聪明的公主二话没说，马上拍板成交。

公主把那张公牛皮切成细条，然后用这些细条结成一根很长的绳子，把它弯成半圆形状，在南边围出了一块面积很大的土地，北部背靠地中海，可以利用海岸线作为天然疆界。当酋长发现被公主围去了这么多土地的时候，后悔不已。但是“君无戏言”，后悔已经来不及了。后来这块土地日益兴旺发达，终于发展成为海上的重镇。

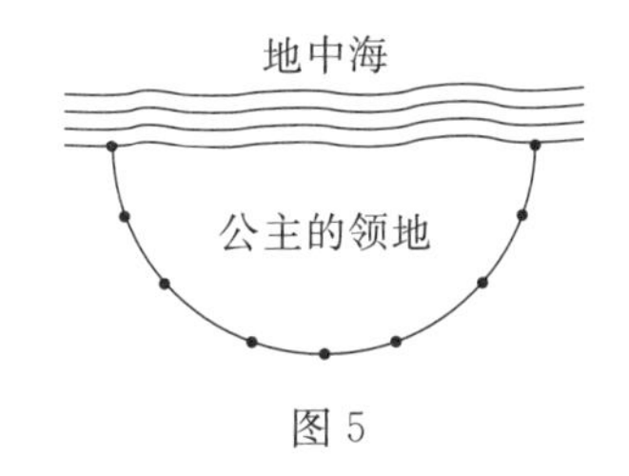

图 5

例 2　巴河姆的悲剧

俄国著名文学家托尔斯泰很喜欢数学，他曾经亲自为青少年编创过许多有趣的数学题。他利用数学知识写过一篇与土地面积有关的小说《一个人需要很多土地吗?》，其中有一个发人深省的数学题，内容大意是：

一个名叫巴河姆的人到草原上去买地。卖主卖地的方式很特别。任何一个前来买地的人，只要交 1000 卢布，然后就可以从草原上任一点出发，沿任意的路线，从太阳出山开始，走到太阳落山为止，如果在日落之前，回到了出发点，那么他这一天所走的路线圈住的土地，就归他所有。如果他在日落之前没有回到出发点，那么就一寸土地也得不到，白白丢掉1000卢布。这意味着，买地者所走过的路线必须是一条封闭曲线，最好是一个圆，才能买到最大的面积。

巴河姆当然希望得到最多的土地。太阳刚刚升起，他就在草原上迈开了大步，到太阳快要落山前，在草原上一口气跑了一个如图6所示的周长39.7俄里的直角梯形，围住了一大片土地。可是当他回到出发点时，由于劳累过度，便口吐鲜血，栽倒地上，一命呜呼了。

巴河姆尽力要争取得到最多的土地，可惜他不懂数学，周长相等的封闭图形可以有大不相同的面积。他跑的路线是一个直角梯形而不是一个圆。如果走一个接近圆的路线，要得到同样多的土地，可以少跑大约四分之一的路程，也许还不至于累死哩！

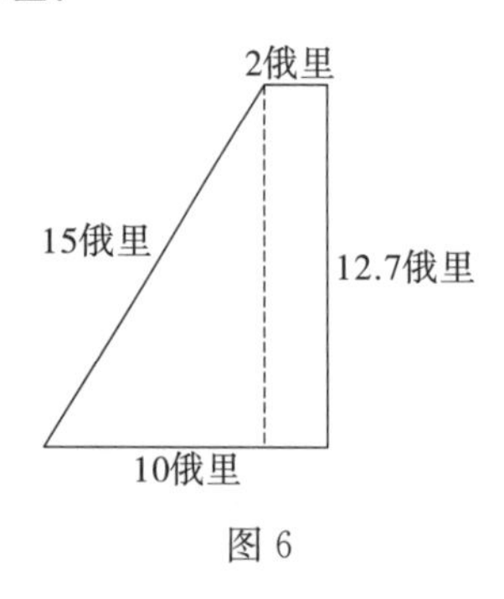

图6

数点妙法巧求面积

《红楼梦》第十六回里，贾蓉向贾琏说："……老爷们已经议定了，从东边一带，借着东府里花园起，转至北边，一共丈量准了，三里半大，可以盖造省亲别院了。已经传人画图样去了，明日就得。……"第十七回中，则详细地描写了贾珍带领贾政等察看大观园中各个建筑和景点的布局。1980 年 6 月出版的《红楼梦研究集刊》第 3 辑刊载了徐恭时绘制的大观园平面图。从这个图中我们看到，结构这样复杂，形状又不规则，当年画图的人，要计算各个建筑物和景点的平面面积是相当不容易的，他们已达到了很高水平。

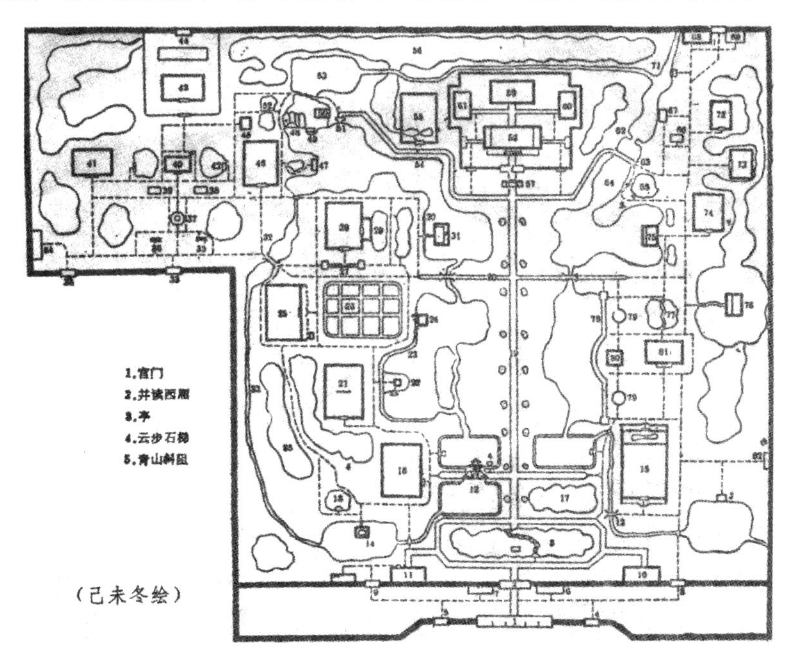

徐恭时的大观园平面图

对于规则的多边形，如三角形、矩形、平行四边形、梯形等的面积，都有直接计算的公式。但对于一些不规则的多边形的面积，一般并没有直接计算的公式，通常要把它剖分成一些规则的多边形来计算。还有一些不适合用剖分为规则多边形来计算面积的不规则图形，一般可利用“数格点求面积”的方法求其面积的近似值。

“数格点求面积”是怎样操作的呢？

平常我们用的方格纸，由互相垂直的纵横两组平行线组成，相邻平行线之间的距离是相等的，方格纸上两组直线的交点，就是所谓格点。假定相邻平行线之间的距离为 d，那么每一小方格的面积就是 d^2。当 d 取得很小时，图中不规则图形的面积与画上斜线的那些小方格的面积近似，斜线的小方格的个数与图形内部包含的格点数相同，因此就可以用图形内部的格点数 N 作为图形面积 A 的近似值：

$$A=N\times d^2$$

例如图 1 中有 27 个格点，它的面积就是 $27d^2$。

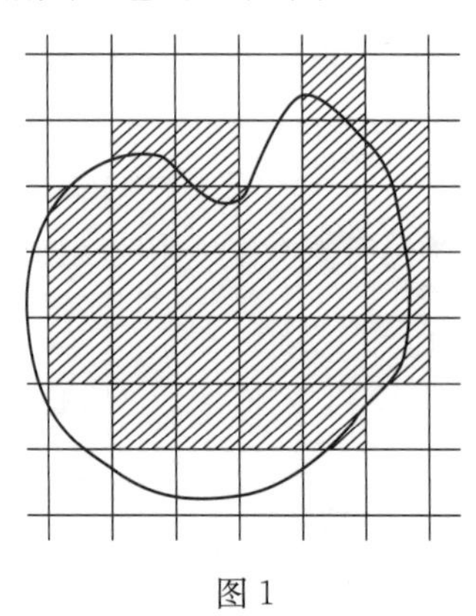

图 1

现在我们介绍如何利用方格纸计算不规则多边形面积的问题，闵嗣鹤先生的《格点和面积》中有详细的解说。

如果一个多边形的顶点全是格点，那么这个多边形就叫作格点多边形。

关于格点多边形的计算有两个重要的公式(毕克定理)：

(1) 正方形点阵中凸多边形面积公式：

$$A=\left(N+\frac{L}{2}-1\right)d^2$$

(2) 正三角形点阵中凸多边形面积公式：

$$A=(2N+L-2)d^2=2\times\left(N+\frac{L}{2}-1\right)d^2$$

其中 A 为多边形的面积，N 为多边形内的格点数，L 为多边形周界上的格点数，d^2 为单位格点正方形的面积。

不妨碍一般性，可假定 $d=1$，则上面两式变为：

$$A=N+\frac{L}{2}-1 \qquad ①$$

$$A=\left(N+\frac{L}{2}-1\right)\times 2 \qquad ②$$

下面给出公式①的证明。

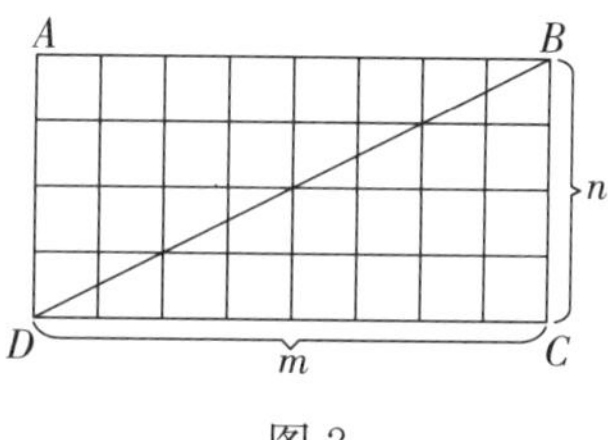

图 2

先考虑两边平行于坐标轴的格点矩形 $ABCD$，如图 2，我们假定这矩形的长、宽分别是 m 和 n，容易从图上看出，矩形 $ABCD$ 面积 A，内部格点数 N 和周边上格点数 L 分别是：

$$A=mn$$

$$N=(m-1)(n-1)$$

$$L=2(m+1)+2(n-1)=2(m+n)$$

因此 $\quad N+\frac{L}{2}-1=(m-1)(n-1)+(m+n)-1=mn=A$

这表明公式①对于矩形是正确的。

有了矩形作基础，再讨论两腰分别和格线平行的格点直角三角形，例如图 2 中的△BCD 或△ABD。

由图形的对称性，容易看出△BCD 的面积＝△ABD 的面积＝$\frac{1}{2}$矩形 $ABCD$ 的面积＝$\frac{1}{2}mn$。设 BD 上的格点数(不包括两个端点)为 L_1，则

$\triangle BCD$ 和$\triangle ABD$ 的内部的格点数为：

$$N=\frac{1}{2}[(m-1)(n-1)-L_1]$$

以及$\triangle BCD$ 和$\triangle ABD$ 边上的格点数都是：

$$L=m+1+n+L_1$$

因此

$$N+\frac{L}{2}=\frac{(m-1)(n-1)-L_1}{2}+\frac{m+n+1+L_1}{2}=\frac{mn}{2}+1=A+1$$

即公式①对于两腰分别和格线平行的格点直角三角形是成立的。

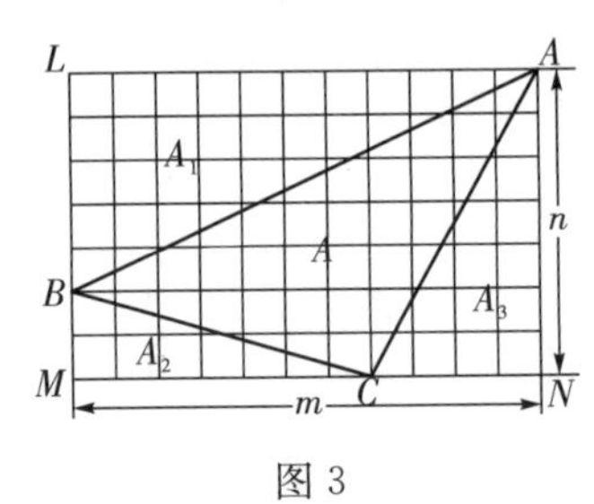

图 3

我们进一步讨论一般的格点三角形。设$\triangle ABC$ 是一个格点三角形，如图 3，方格纸上通过三顶点的直线围成一个矩形 $ALMN$，$\triangle ALB$，$\triangle BMC$，$\triangle CNA$ 都是直角三角形，因此都满足公式①。现在把图中四个三角形的面积、内部格点数和周边上格点数，分别用不同的记号表示出来，列成下表：

三角形	面积	内部格点数	边上格点数
$\triangle ABC$	A	N	L
$\triangle ALB$	A_1	N_1	L_1
$\triangle BMC$	A_2	N_2	L_2
$\triangle CNA$	A_3	N_3	L_3

由图 3 容易看出：

$$A+A_1+A_2+A_3=mn \quad ③$$

$$N+N_1+N_2+N_3+L-3=(m-1)(n-1) \quad ④$$

$$L+L_1+L_2+L_3-2L=2(m+n) \quad ⑤$$

⑤式中的 $L+L_1+L_2+L_3-2L=L_1+L_2+L_3-L$ 实际上就是矩形边界上的格点数，因此，它等于 $2(m+n)$。

将③－④－$\frac{1}{2}$×⑤，即得：

$$A-\left(N+\frac{1}{2}L\right)+\left[A_1-\left(N_1+\frac{1}{2}L_I\right)\right]+\left[A_2-\left(N_2+\frac{1}{2}L_2\right)\right]+\left[A_3-\left(N_3+\frac{1}{2}L_3\right)\right]+3$$

$$=mn-(m-1)(n-1)-(m+n)$$

$$=-1$$

由于公式①对于 Rt△ABL，Rt△BCM，Rt△CAN 是成立的，因此上式中的每一个中括号里面的数都等于－1，所以由上式得：

$$A-\left(N+\frac{1}{2}L\right)=-1$$

这表明对于格点三角形，公式①是正确的。

最后，用数学归纳法讨论一般的格点多边形 $A_1A_2\cdots A_n$，如图 4，当 $n=3$ 时，公式已经证明。假定公式对 $n-1$ 边形成立，要证明公式对 n 边形也成立。连接 $A_{n-1}A_1$，分这个 n 边形为一个三角形和一个 $n-1$ 边格点多边形。用 A，A_1，A_2；N，N_1，N_2；L，L_1，L_2 分别表示 n 边形、三角形、$n-1$ 边形的面积，内部格点数和边上格点数，则：

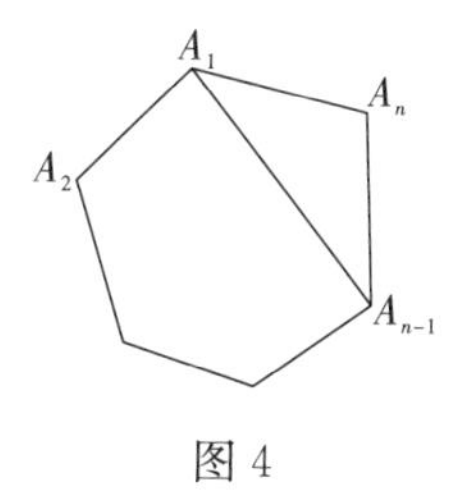

图 4

$$A=A_1+A_2,\ N=N_1+N_2+L_0-2,\ L=L_1+L_2-2L_0+2$$

其中 L_0 表示 A_1A_{n-1} 上的格点数(包括 A_1，A_{n-1} 两点)，根据归纳原理有：

$$N+\frac{1}{2}L=\left(N_1+\frac{1}{2}L_I\right)+\left(N_2+\frac{1}{2}L_2\right)-1=A_1+1+A_2+1-1=A+1$$

这就证明了公式①对于 n 边形也成立。

微妙的勾股弦关系

《红楼梦》第十七回写贾政带领宝玉及众清客视察新建成的大观园，许多红学家一直根据这一回的文字研究大观园的布局，甚至寻求大观园的遗址。从徐恭时先生提供的大观园的布局图中，我们发现，贾宝玉住的怡红院、林黛玉住的潇湘馆、薛宝钗住的蘅芜院恰好形成一个直角三角形，潇湘馆是直角的顶点。这个直角三角形深刻地反映了林黛玉、薛宝钗和贾宝玉三人之间的关系，三人互为知己，但是贾宝玉与薛宝钗的距离永远要大于贾宝玉与林黛玉之间的距离，正像斜边永远是大于直角边一样。

提到直角三角形，人们很自然会联想到勾股定理：

直角三角形两条直角边的平方和等于斜边的平方。

设直角三角形的两条直角边分别为 a 和 b，斜边为 c，则有

$$a^2+b^2=c^2 \quad ①$$

为了证明这个等式，人们很自然地想到，分别以 a，b，c 为一边向外作正方形(如图 1)，然后再证明以 a 和 b 为边的两个正方形的面积之和等于以 c 为边的正方形的面积。欧几里得在他的《几何原本》中对勾股定理的证明，就是运用这种思想。

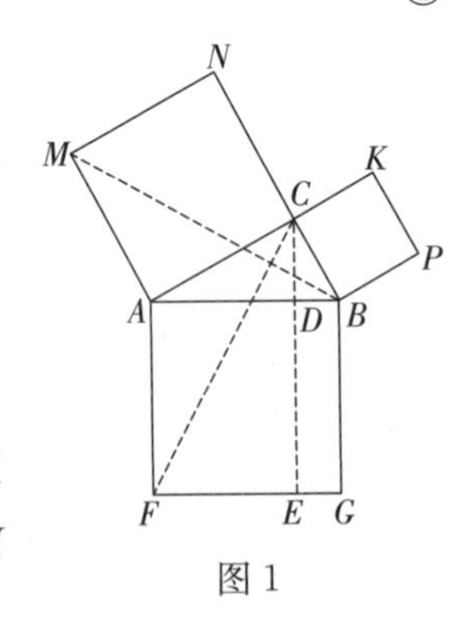

图 1

如图 1，过点 C 向 FG 作垂线，交 AB 于点 D，交 FG 于点 E。并连接 MB 和 FC，由于正方形 $ACNM$ 与 $\triangle BAM$ 同底(AM)等高(NM)，所以

$$S_{正方形ACNM}=2S_{\triangle BAM}$$

同理，长方形 $ADEF$ 与$\triangle CAF$ 同底(AF)等高(EF)，所以

$$S_{长方形AFED}=2S_{\triangle CAF}$$

在$\triangle AMB$ 和$\triangle ACF$ 中，$AM=AC$，$AB=AF$，$\angle BAM=\angle FAC=90^\circ+\angle CAB$，所以$\triangle AMB\cong\triangle ACF$。

于是，$S_{正方形ACNM}=S_{长方形AFED}$，同理，$S_{正方形BPKC}=S_{长方形DEGB}$。

这样，就得到了

$$S_{正方形AFGB}=S_{长方形AFED}+S_{长方形DEGB}=S_{正方形ACNM}+S_{正方形BPKC}$$

在证明直角三角形两直角边上的正方形面积之和等于斜边上的正方形面积时，过去大都采用切割拼补的方法。

其实我们的思路可以再开拓一点，如果不局限于在三边上作正方形，而是像图 2 那样，以 a，b，c 为对应边分别作相似多边形。因为相似多边形面积之比等于对应边平方之比，所以Ⅰ，Ⅱ，Ⅲ三个相似多边形的面积可分别写成 λa^2，λb^2，λc^2，如果我们能够证明Ⅰ的面积加上Ⅱ的面积，恰好等于Ⅲ的面积，即如果能证明：$\lambda a^2+\lambda b^2=\lambda c^2$，因为 $\lambda\neq0$，就立刻得到 $a^2+b^2=c^2$。

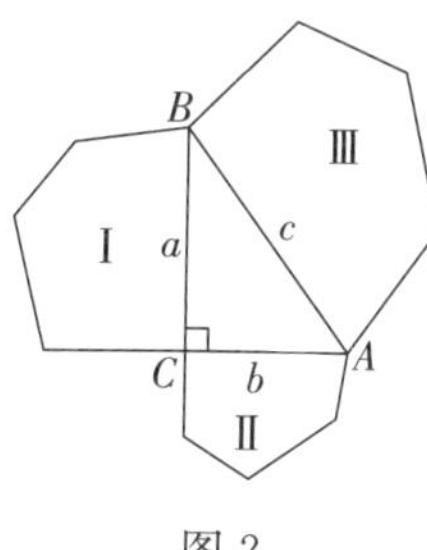

图 2

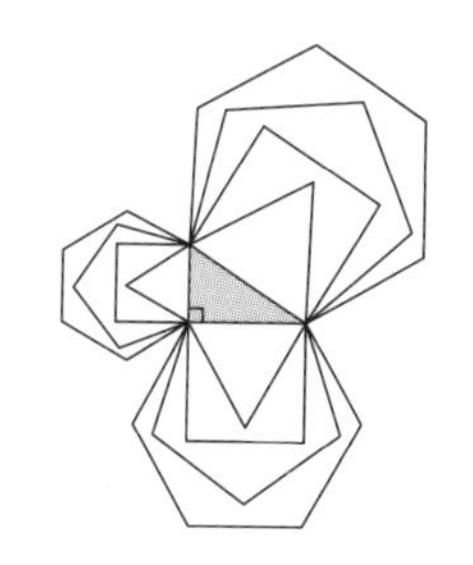
图 3　各种相似多边形

因为正方形已经固定，要证明以 a 与 b 为边的正方形的面积之和等于以 c 为边的正方形的面积，不一定很容易。而相似多边形则因对其形状和边数都有挑选的余地，也许易于找到满足 $\lambda a^2+\lambda b^2=\lambda c^2$ 的图形。

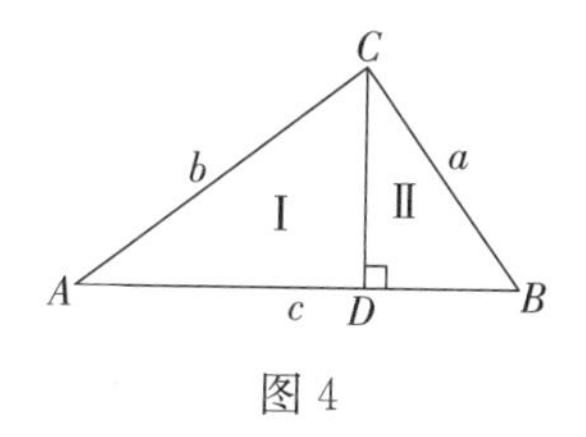

图 4

最简单的相似多边形莫过于三角形，而最适宜的相似三角形莫过于像图4那样，在AB上找到一点D，使得以a为边作的三角形是$\triangle BCD$，以b为边作的三角形是$\triangle ACD$，以c为边作的三角形则是$\triangle ABC$本身。那么，Ⅰ的面积与Ⅱ的面积之和等于Ⅲ的面积就无需证明了。剩下的就只要证明$\triangle ABC \backsim \triangle ACD \backsim \triangle CBD$。到哪里去找到这样的一点$D$呢？非常明显，因为$\triangle ABC$是直角三角形，所以也要求$\triangle ADC$与$\triangle BDC$是直角三角形，也就是说，点$D$应该是点$C$在直线$AB$上的射影。于是我们就找到了证题的思路，印度数学家婆什迦罗就是利用这一方法证明勾股定理的，他的证明只画了图4那样的图，在旁边写了一个字“瞧”！中学课本中利用相似三角形对应边成比例得出勾股定理的证明也正是这样的。

两千多年来，人们对勾股定理证明的兴趣长盛不衰，不断提出各种证明。这些证明者中间，上至学者名流，下至中小学生，什么人都有。据说有人已经收集到了400多种证明，新的证明仍然层出不穷。美国数学家卢米斯认为，在中世纪，一名学生要想获得数学硕士学位，就需要提供一个关于毕达哥拉斯定理的全新的、原创的证明方法。

为什么会出现这一现象呢？因为这一定理不能从直观得出，它是人类第一次用逻辑推理方法获得的数学知识，对人类理性思维模式的建立，立下了不朽的功勋，所以人们永远对它感兴趣。

美国俄亥俄州的数学老师卢米斯写过几本几何学的书，并在多所高中教数学课。他最广为人知的著作就是《毕达哥拉斯命题》，这本书对他所处的那个时代所能收集到的317个毕达哥拉斯定理的证明方法，都做了一番概略的介绍。他的手稿在1907年就已经完成，最终在1927年出版问世，1940年出了第二版。美国全国数学教师委员会在1968年重印了这本书，作为“数学教育经典”系列的一部分。

下面列举几种对于勾股定理的证法，你能够根据其中提供的图形，利用面积相等的原理理解并且解释这些证明方法吗？

1. 赵爽的证明

赵爽，字君卿，三国吴人。他“负薪余日，聊观周髀”，为《周髀算经》

作了详细的注疏，赵爽的注解中有图有文，使人们易读易懂。赵爽证明的基本思想是：如图 5 所示，以勾、股为边的矩形可视为被对角线分成的两个(全等的)直角三角形之和，把这种直角三角形涂上红色，称为“朱实”。把以勾与股之差为边的正方形涂上黄色，称为“黄实”，以弦为边的正方形称为“弦实”。用 4 块“朱实”和一块“黄实”可以拼成一个“弦实”，“黄实”在中央，“朱实”在四周。一块朱实的面积为$\frac{1}{2}ab$，黄实的面积为$(a-b)^2$，从而有

$$c^2=4\times\frac{1}{2}ab+(a-b)^2=2ab+a^2-2ab+b^2=a^2+b^2$$

图 5　赵爽证明的弦图

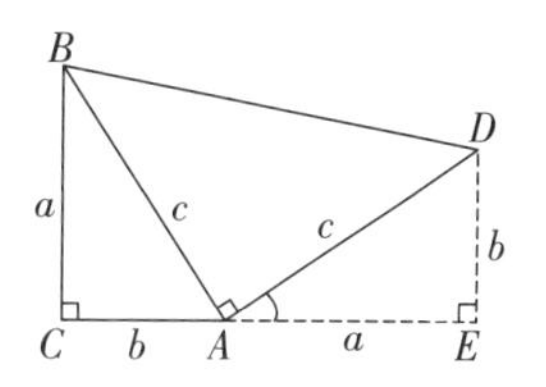

图 6　加菲尔德证明之图

2. 美国总统的证明

1876 年 4 月 1 日在美国波士顿出版的《新英格兰教育日志》上发表了加菲尔德关于勾股定理的一个新证明。他当时是俄亥俄州共和党的众议员，后来成了美国第 20 任总统。他在议会上做“思想体操”时想出了这种证法，当即获得了两党议员的“一致通过”。这个证明方法发表之后，文以人传，因而名闻遐迩并能广泛流传。

加菲尔德是这样来证明勾股定理的：如图 6，在直角三角形 ABC 的斜边 AB 上作等腰直角三角形 ABD(即半个以 c 为边的正方形)，过点 D 作 CA 的延长线的垂线，垂足为 E。易证$\triangle ABC\cong\triangle DAE$。因为$\triangle ABD$ 的面积等于$\frac{1}{2}c^2$，但另一方面，它又等于梯形 $CEDB$ 的面积减去两个三角形 ABC 的面积，即有 $\frac{1}{2}c^2=\frac{1}{2}(a+b)(a+b)-2\times\frac{1}{2}ab$，化简即得 $c^2=a^2+b^2$。

3. 英国商人的证明

一位英国商人在 1930 年提出了图 7 所示的证明，是一种典型的切割拼补

方法。图 7 右边中的①②③④⑤五块小图形的面积，分别与①′②′③′④′⑤′五块小图形的面积相等。这位商人对他的“小发明”十分满意，把它印在自己的名片上，逢人便加以介绍。

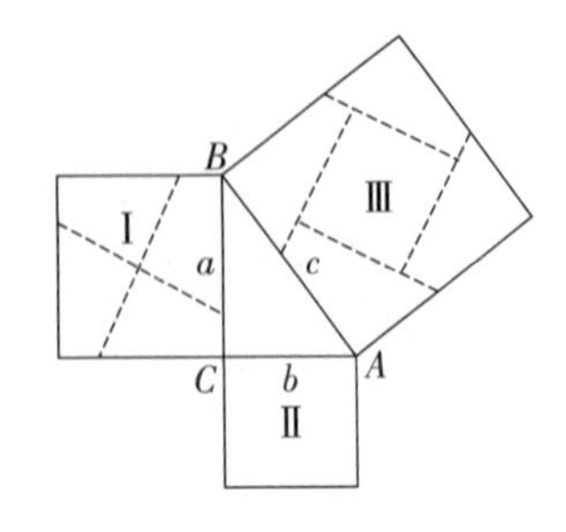

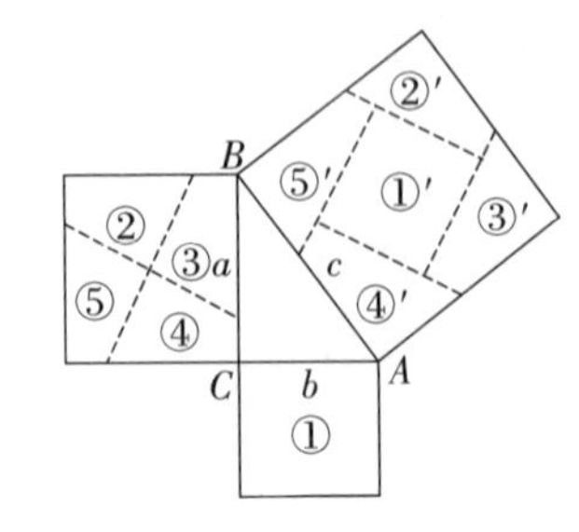

图 7

七边形中的趣闻

《红楼梦》第二十三回说：贾元春省亲之后，因在宫中自编大观园题咏之后，忽想起那大观园中景致，自己幸过之后，贾政必定敬谨封锁，不敢使人进去骚扰，岂不辜负此园。况家中现有几个能诗会赋的姊妹，何不命他们进去居住，也不使佳人落魄，花柳无颜。贾政和王夫人接了谕命，自然遵照执行。于是派人收拾打扫，分配安排，选择吉日良辰，让贾宝玉等姐妹 7 人搬进去了。薛宝钗住蘅芜院，林黛玉住潇湘馆，贾迎春住缀锦楼，贾探春住秋爽斋，贾惜春住蓼风轩，李纨住稻香村，宝玉则住了怡红院。

大观园中这七处馆院是怎样布局的呢？根据徐恭时提供的平面图，除了宝玉、黛玉、宝钗三人的住处成直角三角形外，七个姐妹的住处成一个不规则的凹七边形，也许有人希望，如果成一个正七边形该多好啊！不过这并不妨碍我们的想象。我们知道，顺次连接一个四边形(不管是凸的还是凹的)各边的中点就会派生出一个平行四边形(图 1)，这个定理同样可以延伸到其他多边形上。你可以随意地画出一个不规则的多边形，顺次连接这个多边形各边的中点，就会派生出一个中点多边形。令人惊奇的是，如果你继续按照这一方式做下去，那么派生出来的多边形就会逐渐地接近正多边形(图 2)。

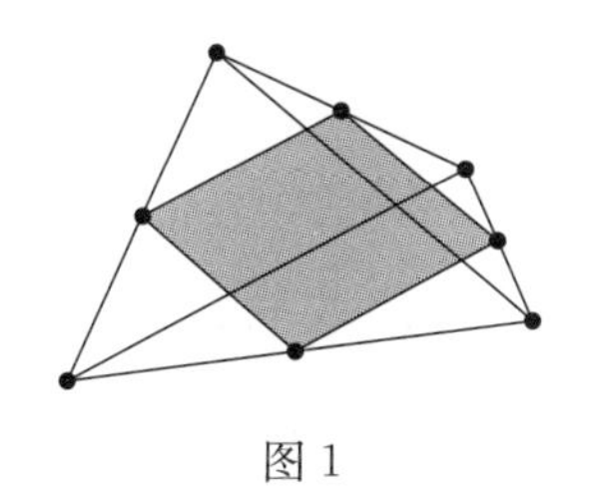

图 1

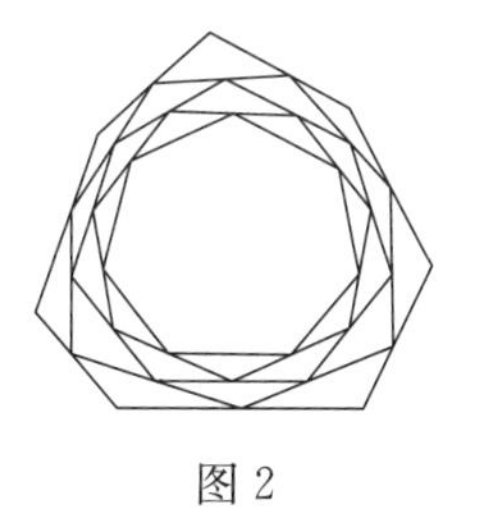

图 2

对于一个凸七边形，我们会联想许多有趣的数学问题。

1. 竖一块路碑

七个村庄看作七个点形成一个凸七边形，每两个村庄之间有一条通行的道路，道路与道路之间有一个交会的地方。现在要在两条路的交点处立一块路碑，如果其中任何三条道路都不交会于一处，那么一共需要多少块路碑？

把这个问题抽象为纯粹的数学问题就是：

一个凸七边形的所有对角线都在七边形内部相交，没有任何三条对角线相交于一点，一共有多少个交点？

如图 3 所示，设 P 是两条对角线 AD 和 BE 的交点，则点 P 对应两条对角线 AD 和 BE，反过来，两条对角线也对应一个交点 P，因此，一个交点与两条对角线的组合有一一对应的关系：

$$P \to (AD, BE)$$

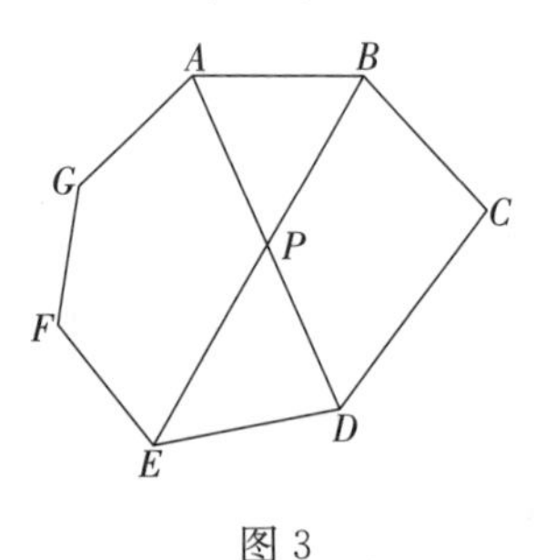

图 3

另一方面，两条对角线所成的组合又与凸七边形的四个顶点相对应，反过来也一样：

$$(AD, BE) \to (A, B, D, E)$$

$$(A, B, D, E) \to (AD, BE)$$

因此，交点 P 与七边形的四顶点组之间有一一对应的关系：

$$P \to (A, B, D, E)$$

$$(A, B, D, E) \to P$$

因为凸七边形的四顶点组共有 $C_7^4 = C_7^3 = \frac{7\times6\times5}{3\times2\times1} = 35$(个)，所以凸七边形的对角线没有任何三条交于一点时，对角线的交点共有 35 个。

这个结论完全可以推广到任意凸 n 边形：

如果一个凸 n 边形的对角线没有任何三条交于一点时，那么对角线的交点共有 C_n^4 个。

2. 找一条道路

贾府中经常有人要给七处院落传达信息，分送物品，例如《红楼梦》第七回就有薛姨妈让周瑞家的给众姊妹们分送宫花。执行任务的人能不能找到一条路线，从任何一家院落出发，走遍各个院落而不走重复的道路？

这类问题可借助完全有向图来研究。一个有 n 个顶点的图，如果每两个顶点之间都恰有一条连线，则称为 n 阶完全图。给 n 阶完全图的每一条线都加上箭头，标明方向，则称为 n 阶完全有向图，图 4 就是一个七阶完全有向图。完全有向图具有一个惊人的属性：无论图中各个箭头的方向如何，都会形成一条哈密顿道路，这条道路能经过每个顶点一次而不走重复路线(可能并不经过某些边)。

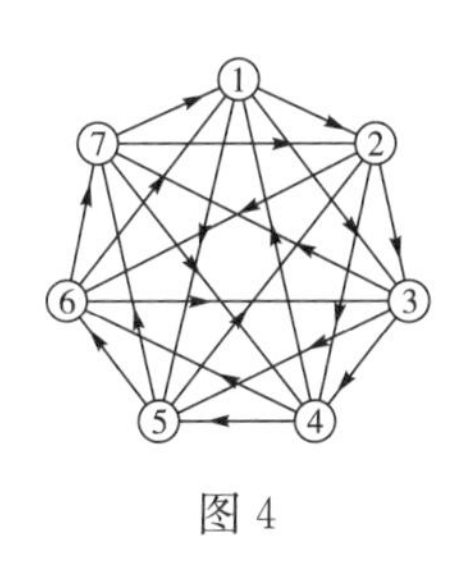

图 4

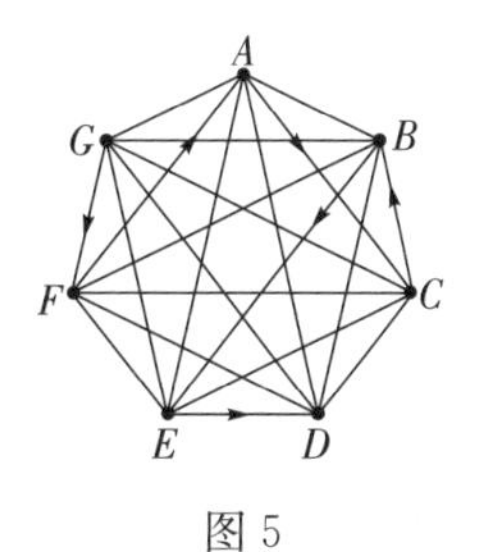

图 5

比方说，如图 5，要想从 G 出发，最终到达 D，且在途中经过其他各点而不走重复的路线，你能做到吗？这样的路线不难找到，例如：

$$G\to F\to A\to C\to B\to E\to D。$$

另外还可以在一个七阶完全图中给每条线加上箭头，使之成为完全有向图，并具有下列属性：对其中任何两点来说，其他 5 点中任何一点，都只需一步就能到达这两点中的某一点，如图 4 所示，对点 1，点 2 两点而言，从点 7 一步即能到达其中的点 1，再一步就到达点 2。因而反其道而行之，从任何一点出发，最多两步即可到达另外任何一点。

哈密顿是爱尔兰的数学家，在数学史上，因发明了“四元数”而名垂青史。公元 1856 年，哈密顿发明了一种有趣的“周游世界”的游戏，并以 25 金币的价格卖掉了他的专利。

我们知道，正十二面体有 20 个顶点，12 个面(所有的面都是全等的正五边形)和 30 条棱。哈密顿的游戏是这样的：

在正十二面体的 20 个顶点上分别标注 20 个遍布世界的大城市。例如北京、东京、柏林、巴黎、纽约、旧金山、莫斯科、伦敦、罗马、里约热内卢、布拉格、新西伯利亚、墨尔本、耶路撒冷、爱丁堡、都柏林、布达佩斯、安亚、阿姆斯特丹、华沙。一个人从某个城市出发，走遍这 20 个城市，而且每个城市只走一次，最后返回原来出发的城市，问这种走法是否可以实现?

如果能找到一条这样的路线，这条路线便称为哈密顿道路，如果还回到原来出发的城市，则称为一个哈密顿圈。图 6 是正十二面体的平面拓扑图，上面可以看到 11 个五边形，下面还有一个遮住了的、拉大了的五边形，总共是 12 个正五边形。我们可以在这个图上探索寻找哈密顿圈的一般规律。

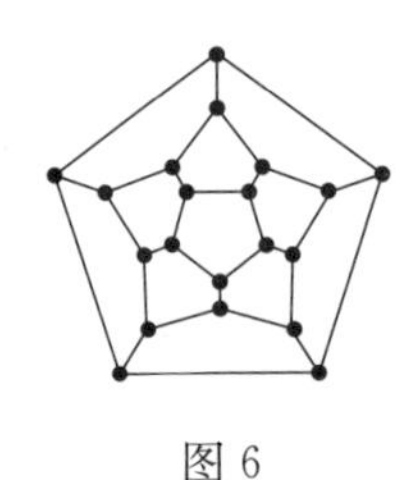

图 6

3. 玩一个游戏

大观园内住的主人虽然只有贾宝玉叔嫂和另外 5 个年轻姑娘，但牵涉的人事关系却十分复杂，对同一件事情往往出现不同的态度，众说纷纭，人言可畏。黑的能说成白的，方形能变成圆形。对于七边形，还有人能“证明”14=15!

1952 年亚·米库辛斯基教授在为参加数学竞赛的学生讲课时，做了一个演示，他把整个平面分成若干个七边形，并使各七边形的每个顶点上汇集的都是三个七边形。据此，他“证明”了 14=15！他是这样证明的：

因七边形的内角和等于 5π，故七边形内角的平均值等于 $\frac{5}{7}\pi$，由于整个平面被七边形所覆盖，所以七边形拼块内角的平均值也等于$\frac{5}{7}\pi$。另一方面，在七边形的每个顶点上都汇集三个角，其和为2π，所以各顶点上的三个角的平均值等于$\frac{2}{3}\pi$。因为每个角都处在某一个顶点上，所以可得出拼块内角的平均值也等于$\frac{2}{3}\pi$。因此

$$\frac{2}{3}\pi=\frac{5}{7}\pi，\frac{2}{3}=\frac{5}{7}，14=15，$$

于是得到了所需的证明。你能试着找出上述推导中的错误吗？

原来错误在于无穷数列项的算术平均值与所有数字的排列有关，例如，在微积分发明初期曾经引起广泛争论的数列：

$$1，0，1，0，1，0，\cdots$$

由于求和方法的不同，它的平均值也可以不同。荒谬的等式 14＝15 就是由于以七边形各角为项的无穷数列的不同排列法引起的。

抽屉原理与生日

《红楼梦》第六十二回写到宝玉、宝琴是同一天生日。在为贾宝玉贺寿时，又发现邢岫烟、平儿也是在这一天生日，大家更乐了。探春笑道："倒有些意思，一年十二个月，月月有几个生日。人多了，便这等巧，也有三个一日、两个一日的。大年初一日也不白过，大姐姐占了去。怨不得他福大，生日比别人就占先。"接着探春又历数每月都有人生日，唯独二月没有。袭人指出："二月十二是林姑娘，怎么没人？"原来袭人与林黛玉也是同一天生日，所以她记得。

探春有很强的管理才能，诗词也写得很好，但是她对有几个人同一天生日的事情却大惊小怪，看来她缺少一些数学常识，不懂得数学中的抽屉原理。她提出的问题用抽屉原理是很容易回答的。

什么叫抽屉原理？简单而形象地说，就是：

把多于 $m\times n+1$ 件物品放进 m 个抽屉里，一定有一个抽屉里至少有 $n+1$ 件物品。

例如，把 7 本书放进 3 个抽屉里，因为 $7=3\times 2+1$，所以一定有一个抽屉里至少有$(2+1=)3$ 本书。

利用抽屉原理，就很容易说明探春的惊讶了。

在任何 367 人中一定有两人是同一天生日。为什么呢？因为平年只有 365 天，即使是闰年也只有 366 天。把 366 天看作 366 个"抽屉"，把 367 个人看作"物品"，把 367 件"物品"放入 366 个"抽屉"里，有一个"抽屉"里至少有两件"物品"，这说明至少有两人出生于同一天。因为 $366\times 3=1098$，所以在 1200 人中必有 4 人同一天生日。

宁荣二府，已经人口众多；再加三亲六眷，往来不断，在这些林林总总的人口中，根据抽屉原理，每个月有人生日，有两个或两个以上的人同一天生日，都是很正常的事情。

不过话说回来，大观园中的姐妹们毕竟不是同母所生的亲姐妹，如果由同母所生的亲姐妹(没有多胞胎)，要四人同一天生日，那就太困难了。

四人中最先出生的老大可以随便是哪一天，老二要和老大在同一天生日的概率只有$\frac{1}{365}$，老三仍与老大同一天生日的概率是$\frac{1}{365}\times\frac{1}{365}$，老四仍与老大同一天出生的概率是$\frac{1}{365}\times\frac{1}{365}\times\frac{1}{365}=\frac{1}{48627125}$，即要在四千八百多万的育龄妇女中，才有可能出现一个。

然而大千世界，真是无奇不有。美国的弗吉尼亚州有一对夫妇，男的名叫拉尔夫，女的名叫卡罗琳。他们从 1952 年起连续生了五个孩子虽然年龄各不相同，但生日却都在 2 月 20 日。出现这种情况的概率为$\frac{1}{365^4}$，还不到一百七十七亿分之一，却竟然出现了。

让我们重新回到抽屉原理，欣赏几个有趣的数学问题。

1947 年，匈牙利全国数学奥林匹克竞赛有这样一道试题：

证明：在任何 6 个人中，一定可以找到 3 个互相认识的人，或者 3 个互不认识的人。

这个问题乍看起来，似乎令人难以想象，感到十分玄妙而无从下手。但是利用抽屉原理却比较容易解决。

为方便计，我们用 A，B，C，D，E，F 六个点代表 6 个人。从中随便找一点，例如 A 吧，其余的 5 个人或者与 A 认识，或者与 A 不认识。根据抽屉原理，一定有一种不少于 3 个。不妨碍一般性，假定与 A 认识的人不少于 3 个。在两个认识的人之间连一条线，两个互不认识的人之间不连线，如图 1 所示，设 A 与 B，C，D 之间都有连线。

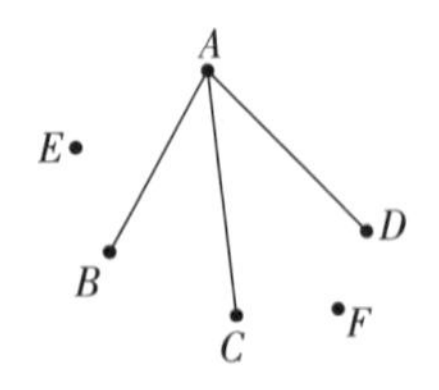

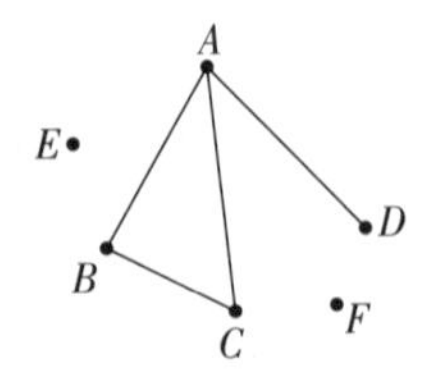

图 1

如果 B，C，D 三点之间没有连线，则 B，C，D 三人互不认识，本题的结论已经成立。

如果 B，C，D 三点中有连线，则 B，C，D 三人中至少有两人互相认识，例如 B 与 C 认识，则 A，B，C 三人彼此互相认识，同样证明了本题的结论。

完全类似地，如果一开始假定"与 A 不认识"的人至少有 3 个，只要在图 1 中把两点连线看成互不认识，同样可证明命题的结论成立。

这道试题由于它的形式优美，解法巧妙，很快引起了数学界的兴趣，被许多国家的数学杂志转载。由它的一些变形或推广而来的问题，不断地被用做新的数学竞赛试题，几十年如一日，大半个世纪以来长盛不衰。

例如，1963 年北京市中学生数学竞赛有一道试题是：

边长为 1 的正方形中任意放入 9 个点，证明：在以这些点为顶点的各个三角形中，必有一个三角形，它的面积不大于 $\frac{1}{8}$（若三点共线，则认为这个三角形的面积为零）。

如图 2，用对边中点的连线把边长为 1 的正方形分成 4 个面积为 $\frac{1}{4}$ 的小正方形，把 9 个点放进 4 个小正方形内，必有一个小正方形内（包括边界上）至少有三个点，它们组成的三角形的面积不大于一个小正方形面积的一半即 $\frac{1}{8}$。

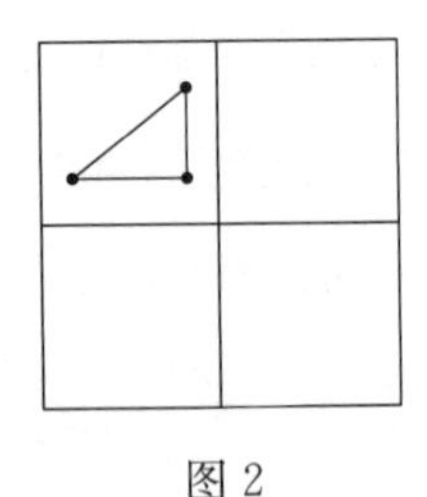

图 2

在我国古代文献中，载有不少成功地运用抽屉原理办事或说理的例子。《晏子春秋》里记载了一个“二桃杀三士”的故事：

齐景公蓄养着三名勇士，他们名叫田开疆、公孙接和古冶子。

这三名勇士都力大无穷，武艺超群，为齐景公立过不少功劳。但他们也刚愎自用，目中无人，得罪了齐国的宰相晏婴。晏子便劝齐景公杀掉他们，以绝后患。并献上一个计策：以齐景公的名义赏赐三名勇士两个桃子，让他们自己评功摆好，按功劳的大小分桃。

三名勇士都认为自己的功劳很大，应该单独吃一个桃子，而不愿与别人分吃一个。于是公孙接讲了自己的打虎功，拿了一个桃；田开疆讲了自己的杀敌功，拿起了另一个桃。两人正准备要吃桃子，古冶子说出了自己更大的功劳。公孙接、田开疆都觉得自己的功劳确实不如古冶子大，感到羞愧难当，赶忙让出桃子，叹息说：“咱本领不如人家，却抢着要吃桃子，实在丢人，是好汉就没有脸再活下去！”说罢，两人都拔剑自刎了。古冶子见了，后悔不迭。心想“如果放弃桃子而隐瞒功劳，则有失勇士的威严；为了满足自己而羞辱同伴，又有损哥们的义气。如今两个同伴都因我而死了，我独自活着，又算什么勇士呢？”便仰天长叹一声，也拔剑自杀了。

晏子采用借“桃”杀人的办法，不费吹灰之力，便达到了他预定的目的，可谓善于运用权谋。让三个人分吃两个桃子，一定有一个桃子(抽屉)，至少为两个人(物件)共有。如果三人中任何两人都不肯分吃一个桃子，那么悲剧就无法避免了。

清朝乾隆年间的学者阮葵生在《茶余客话》一书中，就曾运用抽屉原理来分析、批驳“算八字”之类的迷信活动是绝对不能相信的。阮葵生写道：

“人命八字，共计五十一万八千四百，天下恒河沙数何止于此，富贵贫贱寿夭势不能同，即以上四刻下四刻算之，亦止(只)一百(零)三万六千(八百)尽之，天下之人何止千万，亦不能不同。且以薄海之遥，民物之众，等差之分，谓一日止(只)生十二种人或二十四种人，岂不厚诬。”

阮葵生指出：算八字的方法是按一个人出生的年、月、日、时来排定“八字”的。按照干支纪年的办法，不同的年份只有 60 种，不同的月份只有 12 种，不同的日也只有 60 种，不同的时辰只有 12 种，即使再把它分成上半

时和下半时，也只有24种。因此，按不同年、月、日、时组成的“八字”，最多只有

$$60\times12\times60\times24=1036800(\text{种})$$

不同的“八字”不超过104万个，天下的人则有如恒河沙数，远远多于此数，合于每一个“八字”的人都成千上万。这许多贫富、贵贱、寿夭、成败等都不相同的人，因为有相同的“八字”而不能不有相同的命运，这是何等的荒唐！再说，同一天出生的人，因为年、月、日都已相同，差别只在时辰，不同的八字就只有24种，天下如此广大，人民这样众多，硬说同一天只能出生最多24种不同命运的人，不是胡说八道吗？所以，“算八字”之类的事是绝对不能相信的。

几年配好冷香丸

《红楼梦》第七回写薛宝钗从小患有喘嗽的旧疾，多年不能治愈。多亏一个和尚告诉她一个奇妙的海上仙方，根据药方配制出一种“冷香丸”，以后每逢老病发作时服一丸就好了。不过那个药方也太奇怪了：要春天开的白牡丹花蕊十二两，夏天开的白荷花蕊十二两，秋天的白芙蓉蕊十二两，冬天的白梅花蕊十二两。将这四样花蕊，于次年春分这日晒干，和在药末子一处，一齐研好。又要雨水这日的天落水十二钱，白露这日的露水十二钱，霜降这日的霜十二钱，小雪这日的雪十二钱。把这四样水调匀了，做成龙眼大的药丸，盛在旧磁坛里，埋在花根底下。

周瑞家的忙道：“嗳呀，这么说来，这就得三年的工夫。倘或雨水这日竟不下雨，这却怎处呢？”宝钗笑道：“所以了，那里有这样可巧的雨，……”周瑞家的听了笑道：“阿弥陀佛，真巧死人了！等十年未必都这样巧的呢。”宝钗道：“竟好，……一二年间可巧都得了，好容易配成一料。……”

这个奇妙的药方到底有没有神奇的效应，可以存而后论，那是医生和药物学家的问题。不过这个药方非常有趣，我们可以利用它编制一些概率与组合的数学问题。

1. 配药的概率

几年之内能否把四种水都配齐，显然是一个随机事件。宝钗说一二年间可巧都得了，这是最好的结果，但这件事的概率有多大呢？

如果前几年没有得到四种水的全部，只得到其中的一部分，但可以把它保存起来，直到四种水都凑齐为止。那么，一年能配好药的概率有多大？两年呢？……一般地说，最坏的结果需要多少年呢？

不妨假定，对每一个节气来说，能收到水或不能收到水的概率都是$\frac{1}{2}$（实际上当然未必如此）。那么一年之内每个节气只有收到水和未收到水两种情况，收到水的概率是$\frac{1}{2}$，四个节气同时收到水的概率是$\left(\frac{1}{2}\right)^4$。因此一年内能配好药的概率为

$$P(1)=\left(\frac{1}{2}\right)^4=\frac{1}{16}=0.0625$$

在两年之内每一节气有 4 种可能的情况：

第一年收到水，第二年收到水

第一年收到水，第二年未收到水

第一年未收到水，第二年收到水

第一年未收到水，第二年也未收到水

除第四种外前三种情况都能得水，能得水的概率为$\frac{3}{4}$，四个节气同时得水的概率是$\left(\frac{3}{4}\right)^4$，因此两年内能配好药的概率不低于

$$P(2)=\left(\frac{3}{4}\right)^4=\frac{81}{256}\approx 0.3164$$

类似地可以推出：

三年内配好药的概率不低于 $P(3)=\left(\frac{7}{8}\right)^4=\frac{2401}{4096}\approx 0.5862$

四年内配好药的概率不低于 $P(4)=\left(\frac{15}{16}\right)^4=\frac{50625}{65536}\approx 0.7725$

五年内配好药的概率不低于 $P(5)=\left(\frac{31}{32}\right)^4=\frac{923521}{1048576}\approx 0.8807$

六年内配好药的概率不低于 $P(6)=\left(\frac{63}{64}\right)^4=\frac{15752961}{16777216}\approx 0.9389$

由此可见，最坏的结果，大概七、八年间总能把药配好了。

2. 摆放花瓶问题

从收集药方所需的花型和雨水，我们还可以编出另一个有趣的数学

问题：

薛宝钗的家人考虑到四种花蕊和四种天水保存之不易，便用名贵的雕花瓷瓶把花蕊和天水保存起来。把白牡丹花蕊和雨水的雨用绿色瓷瓶保存，白荷花蕊和白露的露水用红色瓷瓶保存，白芙蓉蕊和霜降的霜水用蓝色瓷瓶保存，冬天的白梅花蕊和小雪的雪水用白色瓷瓶保存。现在的问题是能否把8个瓷瓶排成一条直线，使得两个绿瓶之间夹着1个瓶，两个红瓶之间夹着2个瓶，两个蓝瓶之间夹着3个瓶，两个白瓶之间夹着4个瓶。如果可能，请实际摆出来；如果不能，请说明道理。

这个问题的答案是肯定的，例如下面的摆法就合于条件：

红瓶　蓝瓶　白瓶　红瓶　绿瓶　蓝瓶　绿瓶　白瓶

这个问题的背景是：1958年，国外有一位名叫兰格弗德的数学爱好者在杂志上发表文章，提出了一个有趣的数学问题：

几年前，我的儿子还很小，他常常玩颜色块，每种颜色的木块各有两块。有一天，他把颜色块排成一列，两个红的中间隔着1块，两个蓝的中间隔着2块，两个黄的中间隔着3块。我发现还可再添两块绿的，使它们中间隔着4块，不过需要重新排列。

文章引起了一些数学家的兴趣，把它引申、扩展为中学生数学竞赛问题：

例1　1965年莫斯科数学竞赛有这样一道试题：

有20张卡片，将数字0～9的每一个都写在两张卡片上面。试问：能否将这些卡片排成一行，使得两个0相邻，两个1之间隔1张卡片，两个2之间恰好隔2张卡片，……，两个9之间恰好隔9张卡片。

问题的答案是否定的，证明如下：我们把一排的20个位置依次染成黑色和白色：

①②③④⑤⑥⑦⑧⑨⑩⑪⑫⑬⑭⑮⑯⑰⑱⑲⑳

9 (位置5)　4 (位置8)　4 (位置13)　9 (位置15)

当我们从左至右放下某一张写有偶数的卡片时，例如放下写有4的卡片时，要相隔4个位置再放第二张写有4的卡片，两张卡片所在的位置号数相差为5。假如第一张写有4的卡片在8号位置，则另一张写有4的卡片在13号位置，它们必不能同为白色或黑色位置，只能是一白一黑。因此，按照所要求的放法，10 张写有偶数的卡片恰好占住 5 个白色位置和 5 个黑色位置。而当我们放下第一张写有奇数例如 9 的卡片时，要再隔 9 个(奇数个)位置放第二张写有 9 的卡片，假如第一张 9 放在 5 号位置，则第二张 9 应放在 15 号位置，两张卡片所占住的位置总是同为黑色或同为白色。但偶数卡片排好之后，只能给奇数卡片留下 5 个白色位置和 5 个黑色位置，因此，符合题设的摆法是不存在的。

例 2 1986 年中国举行首届全国中学生数学冬令营时，命题组成员之一的常庚哲教授又把这道题推广后作为冬令营的选拔赛试题：

能否把 1，1，2，2，3，3，…，1986，1986 这些数排成一行，使两个 1 之间夹着 1 个数，两个 2 之间夹着 2 个数，……，两个 1986 之间夹着 1986 个数？证明你的结论。

完全类似地，在 $1986\times2=3972$(个)位置上，利用奇偶分析法进行讨论。

如果奇数 i 位于奇数号位置上，那么由排法的要求，另一个 i 也必然位于奇数号位置上，这表明，奇号位置上的奇数必为偶数个。

如果偶数 j 位于奇数号位置上，那么另一个必然位于偶数号位置上，这就是说，所有的偶数有一半在偶数号位置上，一半在奇数号位置上。因此，在 1986 个奇数号位置上，有 993 个被偶数所占，其余的 993 个为偶数个奇数所占，这是不可能的，因此本题的排法不存在。

如果把问题提得更一般化，对于一般的正整数 n：

是否可以将两个 1，两个 2，……，两个 n 排成一行，使两个 1 中间夹着 1 个数，两个 2 之间夹着 2 个数，两个 3 之间夹着 3 个数，……，两个 n 之间夹着 n 个数？

分析 对于每一个 i，$1\leqslant i\leqslant n$，设左边那个 i 占据了 a_i 号位置，右边那个 i 占据了 b_i 号位置，依题目的要求，应有 $b_i-a_i=i+1$。即

$$b_i+a_i-2a_i=b_i-a_i=i+1$$

对 i 从 1 到 n 求和，得

$$\sum_{1}^{n}(b_i+a_i)-2\sum_{1}^{n}a_i=n+\sum_{1}^{n}i$$

$$\sum_{1}^{n}(b_i+a_i)-n-\sum_{1}^{n}i=2\sum_{1}^{n}a_i$$

由于 $\sum_{1}^{n}(b_i+a_i)$ 是一切位置号数之和，所以它等于

$$(1+2+\cdots+2n)=\sum_{1}^{n}i+\sum_{1}^{n}(n+i)$$

所以，

$$\sum_{1}^{n}(n+i)-n=2\sum_{1}^{n}a_i$$

$$n^2+\frac{1}{2}n(n+1)-n=2\sum_{1}^{n}a_i$$

$$3n^2-n=4\sum_{1}^{n}a_i$$

这说明，$3n^2-n$ 必须是 4 的倍数，易知当 $n=4k+1$ 与 $n=4k+2$ 时，$3n^2-n$ 不是 4 的倍数，因此所要求的排法不存在。由于 $10=4\times2+2$，$1986=4\times496+2$，所以例 1 和例 2 都排不出来。但当 $n=4k+3$ 与 $n=4k$ 时，$3n^2-n$ 是 4 的倍数，可以证明，这时所要求的排法是存在的，而且排列的方法数很多。

种树的数学难题

《红楼梦》第二十四回中写到了种树的问题。

一个名叫贾芸的青年，虽然也是贾府宗亲，但早已家道衰落，身无一技之长，家无隔夜之炊，只好去找凤姐和贾琏夫妇的门路，希望在贾府揽点工程做做，以期改善一下捉襟见肘的经济状态。只要贾府能大小让他办一点事，他的经济状态立马就会来一个大翻身的。这一天终于让他找到了在大观园里负责种树的差事。机会难得，贾芸一接到凤姐的委派，第二天一大早就走马上任了。贾芸拿了五十两银子出西门找到花儿匠方椿家里去买树。花匠问他：各种树苗需要订购多少？订少了不够用，订多了便是浪费，最终是损害贾芸的利益。贾芸的美差还没有开始，就碰到了数学问题。

其实不仅订购多少树苗是一个数学问题。植树问题中还涉及许多数学问题。如树木的行列布局问题，不同树种的搭配比例问题，树苗损耗和成活的概率问题，等等。

小学数学中常常设有植树问题的专章。它把植树问题分为两大类，一类是线路不封闭的，一类是线路封闭的。在不封闭线路上的等距离植树问题又分为以下三种情形：

(1)两端都植树：棵数＝间隔数＋1；

(2)一端植树，另一端不植树：棵数＝间隔数；

(3)两端都不植树：棵数＝间隔数－1。

在封闭线路上等距离植树：棵数＝间隔数。

例1　一条文化长廊全长150米，两边每隔3米种了一株茶花，而且两端也都种了茶花。长廊两边共种了茶花多少株？

分析 长廊全长 150 米，按 3 米一个间隔，有 $150\div3=50$(个)间隔。长廊两端都种茶花，所以茶花株数比间隔数多 1，由此得长廊一边种茶花株数，再乘 2 便得茶花总株数。

$$150\div3+1=51(\text{株}),\quad 51\times2=102(\text{株})$$

此外，在日常生活中还有许多与种树问题相类似的问题，例如爬楼梯、敲钟等问题，也常常按上面的几条原理计算。

某人上楼，从第一层走到第三层需要走 36 级台阶，如果从第一层走到第六层需要走多少级台阶(各层楼之间的台阶数相同)?

有一个挂钟，每小时敲一次钟，几点钟就敲几下，钟敲 6 下，5 秒钟敲完，钟敲 12 下，几秒钟敲完?

这类问题都是可以按照植树问题的公式求解的。

下面两个问题稍微复杂一些：

例 2 一块三角形土地两边上种有 7 棵树，如果把 5 棵树的根部用绳子依次连接起来时，恰好把整块地分成了相等的 5 部分，请问应如何种树?

分析 如图 1，假定 7 棵树分别种在 A，B，C，D，E，F，G 七点，如果先作出了$\triangle ACD$，则问题就好解决，因为$\triangle ACD$ 的面积是$\triangle ABC$ 的面积的$\frac{1}{5}$，只要在 BC 上取一点 D，使 $CD=\frac{1}{5}BC$ 即可。同样，继续作$\triangle ADE$，因为$\triangle ADE$ 的面积是剩余部分(即$\triangle ABD$)的$\frac{1}{4}$，只要在 AB 上选一点 E，使 $AE=\frac{1}{4}AB$ 即可，然后选一点 F，使 $DF=\frac{1}{3}DB$，最后在 EB 上选点 G，使 $EG=\frac{1}{2}EB$。

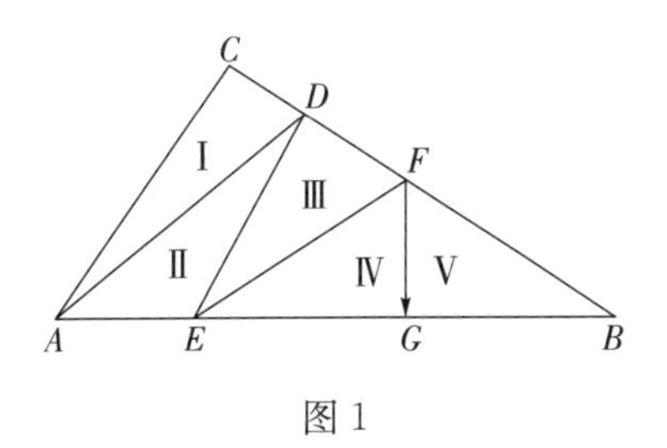

图 1

那么在 A，B，C，D，E，F，G 七点种树，即合所求。

例 3 英国一本 1821 年出版的《趣味算题选集》里，载有一个据说是由著名数学家、力学家牛顿提出并向少年朋友们推荐的一道算题，原文是以诗的形式写成的，把它译成汉语，大意是：

今有九棵树，分作十行栽，每行栽三棵，请你巧安排。

分析 按照题意，10 行树每行 3 棵，需要 30 棵，现在只有 9 棵，肯定有些树在不同的行中要重复计算。因为 $30=6\times3+3\times4$，所以可以试探设计这样一种种法：让 6 棵在三行中出现，3 棵在四行中出现。怎样达到这一目的呢？

我们不妨先退一步，像图 3（用黑点表示树，三点连成的直线表示行）那样先把 9 棵树栽下去。

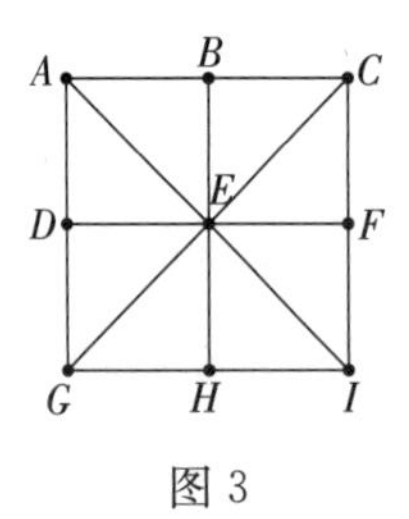

图 3

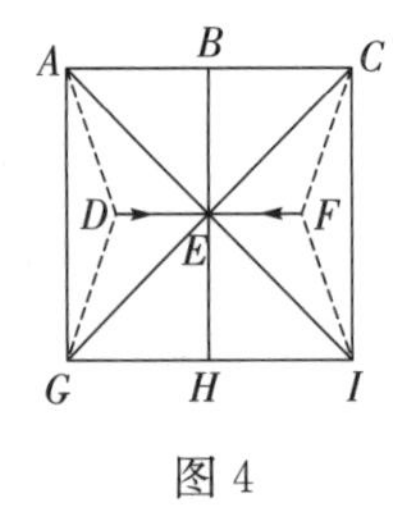

图 4

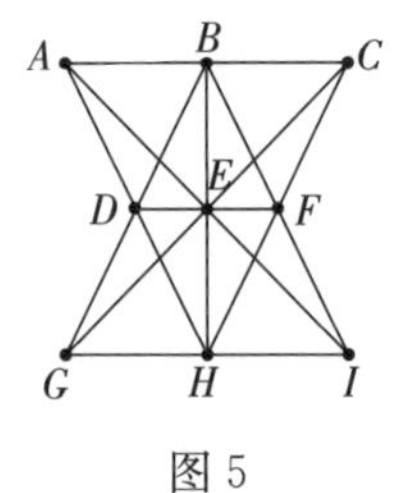

图 5

这是最简单也是最容易想到的办法，但是它只有 8 行，不合要求。我们能不能在图 3 的基础上进行微调使其达到题目的要求呢？注意到 B，D，H，F 四点只在两行中出现，肯定存在可微调的空间，因此应该在这四点中加线微调。又因为 B，H 与 D，F 处于对称的地位，可考虑让 B，H 两点在四行中出现，D，F 在三行中出现。如图 4，设想 D，F 两点在 DF 上分别向 E 移动，AG 和 CI 变成折线，当 D，F 分别到达 AH，BG 和 BI，CH 的交点时（图 5），9 棵树就变成 10 行了。

按照 $6\times3+3\times4=30$ 的思路设计，除了图 5 的方法外，至少还有三种不同的种树方法，如图 6 所示。

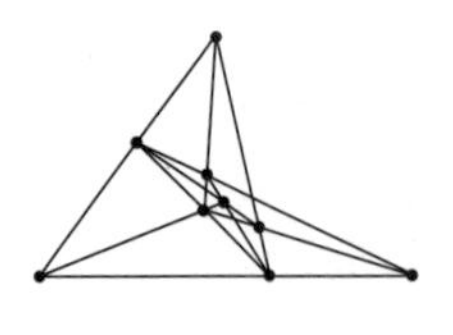

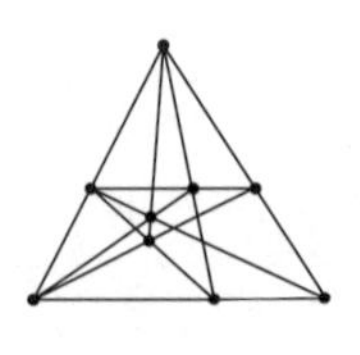

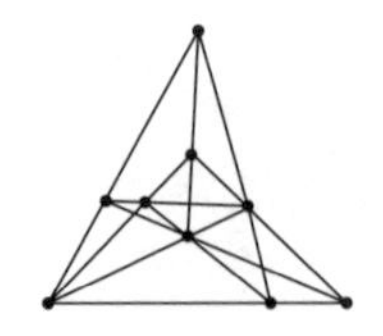

图 6

例 4 某人园子里有一块方形的空地，他买来了 10 棵果树，想种成 5 行，每行 4 棵，此人能达到目的吗？

分析 (1)任何一棵树不能同时在三行或三行以上出现，否则，这三行所在的直线交于一点，彼此不再有另外的交点，这三行用掉了 $3\times3+1=10$(棵)树，剩下的两行已无树苗可用。

(2)任何一棵树都必须在两行上出现，否则，因任一棵都不能计数三次，计数的总数就小于 $10\times2=20$，仍与题设条件矛盾。

(3) 5 条直线两两相交，恰好共有 10 个交点。

因此让 5 条直线两两相交，每个交点必须有一棵也只需要一棵树。根据这一思路可设计出五种不同方法，使得种下的 10 棵树恰成 5 行，每行 4 棵。

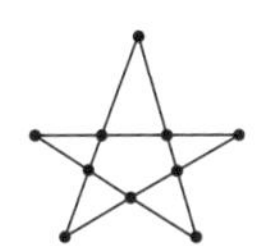

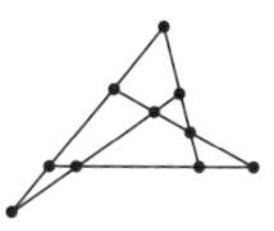

图 7　五种实质上不同的种树方法

这类种树问题的一般提法是：

将 n 个点摆放在 r 条直线上，使每条线上都有 k 个点，这个问题通常被称为“植树问题”或“果园问题”，这是一个比较难的问题。通常来说，这个问题的目标就是要让直线的数量 r 最大。遗憾的是，解答这个问题的一般性方法到现在还没有找到，即便是在 $k=3$ 与 $k=4$ 的情况下，找到突破性的解答方法也非易事。

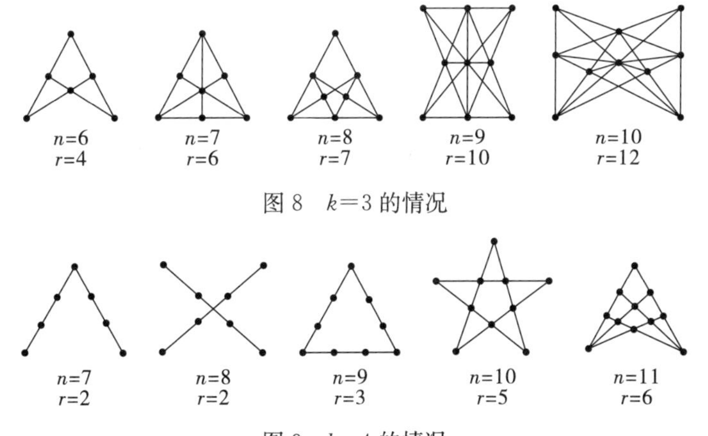

图 8　$k=3$ 的情况

图 9　$k=4$ 的情况

对 $n=20$，$k=4$ 的情况，19 世纪的业余数学家山姆·劳埃德发现了种成 18 行的方法，以后长期没有人能突破他这个世界纪录，直到大型电子计算机的出现，才有人找到种成 20 行的方法。

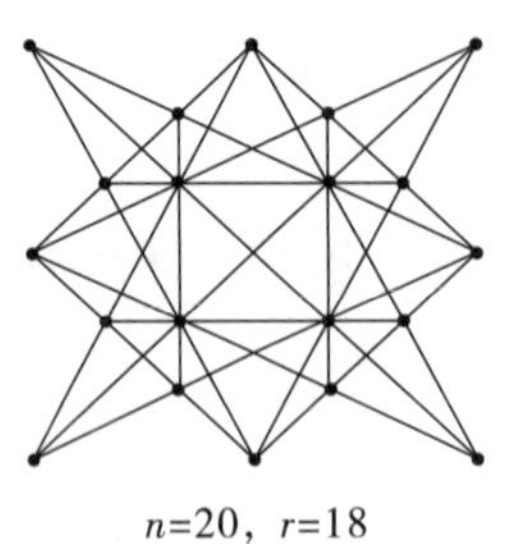

$n=20$，$r=18$

$n=20$，$r=20$

图 10

关于蜜蜂的数学

《红楼梦》里有多处写到了蜜蜂。有时只单用一个“蜂”字，如：大观园里有蜂腰桥，宁国府中有逗蜂轩；形容美女鸳鸯是“蜂腰削背”(第四十六回)，描写假小子史湘云是“蜂腰猿臂，鹤势螂形”(第四十九回)。第六十二回写史湘云醉卧于山石僻处一个石凳子上，“业经香梦沉酣，四面芍药花飞了一身，满头脸衣襟上皆是红香散乱，手中的扇子在地下，也半被落花埋了，一群蜂蝴蝶闹穰穰的围着他，又用鲛帕包了一包芍药花瓣枕着”。一群蜂围着嚷嚷居然还能睡觉，也真不容易。有时则是“蜜蜂”二字连用，如第六十七回写袭人去看望凤姐，走到莲叶新残相间，红绿离披的荷池边，看见那边葡萄架底下，老祝妈拿着掸子在那里赶蜜蜂儿。可是老祝妈接着却说“这马蜂最可恶的”。不知蜜蜂与马蜂有无区别。第五十四回写贾蓉带着小厮们放烟火、花炮，尤氏嘲笑凤姐：“……听见放炮仗，吃了蜜蜂儿屎的，今儿又轻狂起来。”不知道“蜜蜂儿屎”是一种什么东西，也不知道“吃了蜜蜂儿屎”的人是一种怎样的轻狂状态。

《红楼梦》中单独使用一个“蜂”字时，并不发生歧义，但“蜜蜂”连用时却出现了一些不好理解的地方，这些问题只能留待红学家们去考证了。谈到蜜蜂，数学家则不能不想到蜜蜂与数学也有密切的关系，人们在谈论自然界的数学现象时，常常用蜂巢作为典型的例子。下面谈谈蜜蜂与数学的几个关系。

1. 雄蜂的谱系

我们熟知，由兔子繁殖问题引出的斐波那契数列与自然界中的许多现象都有密切的联系。斐波那契数列可以表示为：

$$a_0=a_1=1，a_{n+1}=a_n+a_{n-1}，n\geqslant 2 \quad ①$$

其前几项是：

$$1,1,2,3,5,8,13,21,34,55,89,\cdots$$

斐波那契的兔子繁殖过程只是一种理想的假定，但蜜蜂王国雄蜂的家族谱系却为斐波那契数列提供了自然界中的一个现实模型。

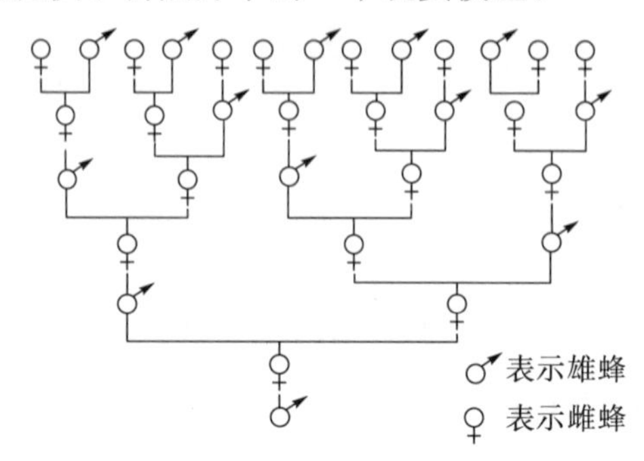

图 1　雄蜂谱系中的斐波那契数列

在蜜蜂王国里，大多数为雌蜂，但能产卵的仅有一只，即蜂后，其余均为工蜂。蜂后与雄蜂交配后产下蜂卵，其中大部分为受精卵，孵化后成为雌蜂，少数未受精卵也可以孵化出蜜蜂，那就是雄蜂。因此，雌蜂是父母双全，而雄蜂则有母而无父。如果追溯一只雄蜂的家系，就可以发现其第 n 代祖先的数目恰好就是斐波那契数列的第 n 项。图 1 即是一个雄蜂的谱系图。

2. 蜂巢的数学

如图 2，蜜蜂的巢具有六棱柱的形状，这棱柱的一端被一个正六边形 $arbpcq$ 所封闭，另一端被由三个全等的菱形 $PBSC$，$QCSA$ 及 $RASB$ 组成的顶盖所封闭，这三个菱形相互斜依着，且与棱柱的轴成相等的角，于是，棱柱的侧面是一些全等的梯形（$AarR$，$RrbB$，等等），这样的梯形的最大边长比底面 $arbpcq$ 的内切圆直径的两倍还稍长些。由于菱形是规则排列的，所以，

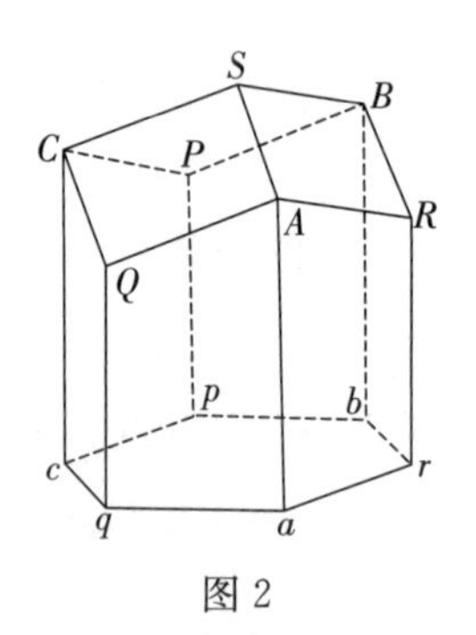

图 2

从顶盖的顶点 S 引出的三条菱形的对角线（SP，SQ，SR）与棱柱的轴所形成的角，都和菱形面与棱柱的轴所形成的角相同，且两个平面 ABC 和 PQR 都与棱柱的棱正交，既然有三个成钝角的菱形的顶点重合于 S，那么上面提到过的对角线是菱形的短对角线。

18 世纪初，蜂巢的这种特别结构引起了法国科学家雷奥乌姆尔等人的注意。他认为蜜蜂选取这样的结构是为了节约尽可能多的建筑材料——蜡，雷奥乌姆尔为了证实自己的想法，就去请教巴黎科学院院士、瑞士数学家科尼希。雷奥乌姆尔提出的问题可以叙述为：

用三个全等的菱形组成的顶盖把正六棱柱封闭起来，使所得的立体有已知的体积，而其表面积为最小。试问：这种菱形是怎样的呢？

经过并不复杂的数学计算(此处从略)，得出菱形的钝角是 $109°28'$。

据说法国学者马拉尔蒂曾测量过蜂窝，发现每个正六棱柱形的蜂窝的顶盖，都是由三个全等的菱形组成的，菱形的钝角都等于 $109°28'$，锐角都等于 $70°32'$，与前面计算的结果完全一样。

3. 蜜蜂传递信息

蜜蜂的侦察蜂在外面发现了食物后，便会使用极坐标方法向在蜂房里的其他蜜蜂报告，它们在何处发现了称心如意的美食。蜜蜂用下述方法建立极坐标系：原点即蜂巢的中心，极轴的方向为太阳光入射的方向。回来报信的蜜蜂带回来少量的食物以使其他蜜蜂闻到其香味，接着它就在蜂房上飞着半圆翩翩起舞，它每分钟飞的半圆数表示食物离蜂房的距离 r，食物所在位置的方向与太阳光成一角度 θ，食物的位置即在坐标为(r, θ)的地方，这只侦察蜂就这样使用极坐标完成了报告。

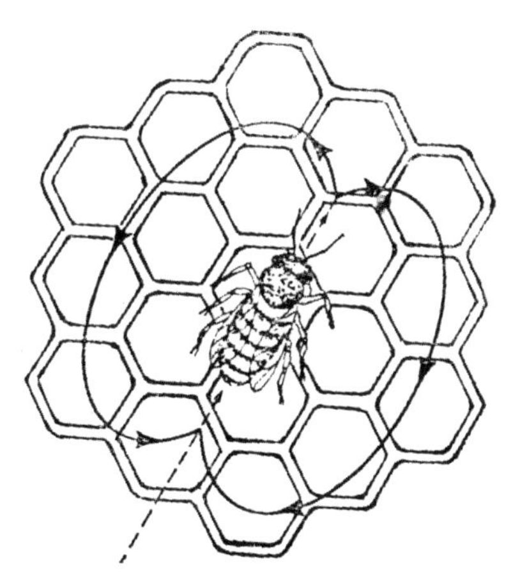

图 3　虚线表示相对于太阳而言的角度

图 4 显示了这只蜜蜂所发现的食物就其方向而言可能处于三种不同的情况：

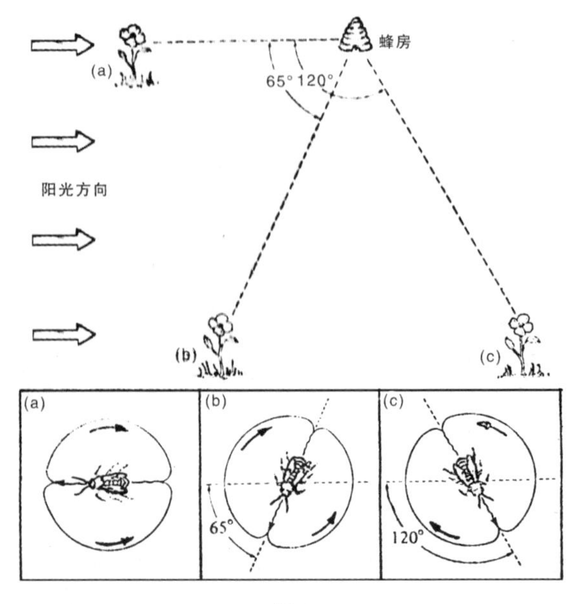

图 4

(a)花蜜所在位置跟太阳光线方向一致。

(b)花蜜所在位置相对于太阳光线形成一个 65°角。

(c)花蜜所在位置相对于太阳光线形成一个 120°角。

蜜蜂使用极坐标定位是十分自然的，因为它只须以它原来从蜂房飞往花丛或从花丛返回蜂房时的同一方位角来选定自己跳舞时相对于太阳而言的适当方位。

也许有人会问：我们怎么会知道蜜蜂传递食物信息的？原来蜜蜂研究者使用了一种技术，将一小块磁铁置于蜜蜂身上，并用线圈及录音设备来记录它们的活动。另一种技术是使用人造假蜂，装上翅膀等使之能像真蜂一样翩翩起舞，带领其他蜜蜂飞往预定方向。

分割遗产的模式

红楼梦第一〇七回写到贾赦的家被抄，革去世职，发往台站效力，贾珍亦被派往海疆赎罪。至此两家一贫如洗，还欠了外债。贾政也已内外交困，无计可施。这时贾母顾全大局，力保残家。便将自己做媳妇到如今积攒的私房钱都拿出来，分给众儿孙们，让他们自谋生路。

昔日繁华，已成过眼烟云。贾母含泪分配完了她的财产，直截了当，不留枝节，可以算得上一项开明的行动。多少豪门巨贾，在当家人逝世之后，后人为了争夺遗产，明争暗斗，算尽机关，底线为之丧失，亲情继而崩溃。许多富人便事先留下遗嘱，明文规定自己百年之后，遗产如何分配，避免儿孙们发生异议或争执。

但是即使立下了遗嘱，仍然有可能逻辑分析的考虑不周，或者客观形势的偶然变化，使得遗嘱难以执行，数学家们举出过许多有趣的例子。

1. 平均分配模型

贾母分配财产的办法，基本上是一视同仁，平均分配，这种模式当然是最简单最不容易发生歧义的办法。贾母分配财产的情节与著名数学家欧拉的分遗产趣题颇为相似。

欧拉在一本名为《代数基础》的书中编拟了一个有趣的分配遗产问题，其大意如下：

一位老人立下遗嘱，按如下次序和方式分配他的遗产：

老大分 100 个金币和剩下财产的 10%；

老二分 200 个金币和剩下财产的 10%；

老三分 300 个金币和剩下财产的 10%；

老四分 400 个金币和剩下的财产的 10%；

……

结果，每个儿子分得的钱都一样多，请问这位老人共有几个儿子？

这个问题的答案是：老人有遗产 8100 个金币，9 个儿子，每个儿子分得 900 个金币。但是解答这个问题需要列一系列的方程，比较麻烦。有兴趣的读者不妨自己一试。

我们利用图解法给出解答这类问题的一般模型：

一位老人有若干单元财产，按如下方式分配给儿女们：

老大分 1 单元和剩下财产的$\frac{1}{n+1}$；

老二分 2 单元和剩下财产的$\frac{1}{n+1}$；

老三分 3 单元和剩下财产的$\frac{1}{n+1}$；

……

结果，每个儿女分得的财产都一样多，请问这位老人共有几个儿女？

问题的答案是老人有 n 个儿女，n^2 单元财产。

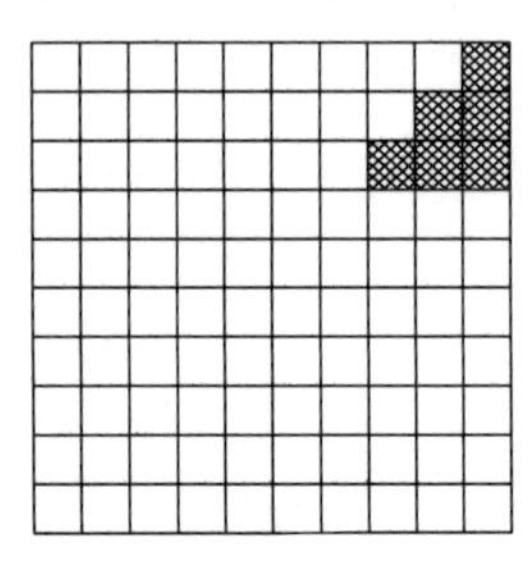

图 1

如图 1，画一个 $n\times n$ 的正方形表格，共有 $n\times n=n^2$（个）小方格，用每一小方格代表一单元财产，共有 n^2 单元财产。

第一行有 n 格，当老大分去一单元财产后，可去掉图中第一行最右边的那个带阴影的小方格，剩下$(n+1)$个由 $n-1$ 格组成的长方形（第一行下面 n 个纵列及第一行 1 个横行）。老大再分去其中的$\frac{1}{n+1}$时，相当于分去了第一行的那

个 $n-1$ 格，恰好共分去了第一行的 n 格。剩下一个 $n\times(n-1)$ 格长方形。

当老二分走 2 单元财产后，相当于取走了图 1 中第二行右边的 2 个带阴影的小方格，剩下 $(n+1)$ 个由 $n-2$ 格组成的长方形（第二行下面 n 个纵列及第二行 1 个横行）。老二再分去其中的 $\frac{1}{n+1}$ 时，相当于分去了第二行的那个 $n-2$ 格，恰好共分去了第二行的 n 格。剩下一个 $n\times(n-2)$ 格长方形。

余可类推。经过 $n-1$ 个儿女分走财产之后，就只剩下最下一行的 n 格了。轮到第 n 个儿女分财产时，按规定，他先分去 n 格，剩下的财产已经为 0，它的 $\frac{1}{n+1}$ 也为 0，第 n 个儿女也恰好分到第 n 行的 n 个单元财产。所以 n 个儿女分得的财产是一样多的。财产的总数则是 $n\times n=n^2$（个）单元。

在欧拉的分遗产问题中，$\frac{1}{n+1}=\frac{1}{10}$，所以 $n=9$，即老人有 9 个儿子，有 $9^2=81$ 单元财产。每个儿子分得 9 个单元，每个单元为 $900\div 9=100$（个）金币。

我们把这个模型称为 $(n,\ n+1,\ n^2)$ 分配模型。利用这个模型，对任意的正整数 n，可以编出相应的分配问题。

评注 本题假定了每个儿女分得的遗产一样多，其实这个条件是多余的。按照分法的模式，设老人有 n 个儿女，把剩余的 $\frac{1}{10}$ 改为一般的 $\frac{1}{p}$，只要恰好是 n 次分完，那么必有 $n=p-1$。

事实上，设第 k 个儿女分遗产前尚有金币 u_k 个，则第 k 个儿女得到的金币枚数为：

$$k+\frac{1}{p}(u_k-k)$$

于是 $u_{k+1}=u_k-k-\frac{1}{p}(u_k-k)=\frac{p-1}{p}(u_k-k)$

从而 $u_k=\frac{p}{p-1}u_{k+1}+k\ (k=1,\ 2,\ \cdots,\ n)$ ①

用 $\left(\frac{p}{p-1}\right)^{k-1}$ 依次乘①中第 k 个等式后相加

$$u_1=1+2\left(\frac{p}{p-1}\right)+3\left(\frac{p}{p-1}\right)^2+\cdots+n\left(\frac{p}{p-1}\right)^{n-1} \quad ②$$

将②式两边同乘$\frac{p}{p-1}$并相减

$$-\frac{1}{p-1}u_1=1+\left(\frac{p}{p-1}\right)+\left(\frac{p}{p-1}\right)^2+\cdots+\left(\frac{p}{p-1}\right)^{n-1}-n\left(\frac{p}{p-1}\right)^n$$

$$=(p-1)\left[\left(\frac{p}{p-1}\right)^n-1\right]-n\left(\frac{p}{p-1}\right)^n$$

$$=-(p-1)-[n-(p-1)]\left(\frac{p}{p-1}\right)^n$$

所以 $u_1=(p-1)^2+[n-(p-1)]\frac{p^n}{(p-1)^{n-1}}$

当$n>1$时，$n-(p-1)<(p-1)^{n-1}$，且$p-1$与p互素，因u_1为整数，必有$n-(p-1)=0$，即$n=p-1$，从而$u_1=(p-1)^2=n^2$。

1967 年第 9 届国际数学竞赛(IMO)的第 6 题是：

运动会连续开了n天($n>1$)，一共发了m枚奖章。第一天发 1 枚以及剩下$(m-1)$枚的$\frac{1}{7}$，第二天发 2 枚以及发后剩下的$\frac{1}{7}$，以后每天均按此规律发奖章，在最后一天即第n天发了剩下的n枚奖章，问运动会开了多少天，一共发了多少枚奖章？

这个问题就是当$n=6$时的$(n, n+1, n^2)$模型，所以它的答案是：运动会开了 6 天，一共发了 36 枚奖章。

2. 分牛模型

这是一个在世界各国广泛流传的问题：

从前有一位老农，他在临终的时候留下了 17 头大小相同的牛，要分给三个儿子。他立下遗嘱：

“我遗下的 17 头牛，老大得$\frac{1}{2}$，老二得$\frac{1}{3}$，老三得$\frac{1}{9}$，你们自己去分，但不准把牛卖掉分钱，也不准把牛杀掉分肉。”

老人家去世之后，三兄弟根据老人的遗嘱，把 17 头牛分来分去，无论如何都无法按照遗嘱的比例把牛分开。弟兄们便去请舅舅来裁决。舅舅是一个爱动脑筋而且很有主见的人，便带着自己的一头牛到外甥家来主持分割遗产。他宣布："老人家留下17头牛，现在把我的一头牛也加上去，便有了18头。老大应得$\frac{1}{2}$，可分去9头；老二应得$\frac{1}{3}$，便分去6头；老三占$\frac{1}{9}$，也可分到2头。"舅舅宣布以后，弟兄们一合算，每人所得都比自己原来期望的要多，都高兴地表示同意。三兄弟按舅舅宣布的数字共分去17头牛，舅舅的那头牛并没分掉，物归原主了。

但稍经数学训练的人都会发现：在老人的遗嘱中，只交待了把遗产的$\frac{1}{2}+\frac{1}{3}+\frac{1}{9}=\frac{17}{18}$分给三个儿子，而不是遗产的全部。剩下的$\frac{1}{18}$怎么办，老人并没有明说，舅舅便擅作主张，都分给儿子们了。舅舅的做法已经改变了遗嘱，改变遗嘱在法律上是不允许的。

这个问题是在世界各地都很流行的数学问题，但具体的牛数有不同的版本。现在我们利用卦爻作算筹摆出这类问题的一般模型。

设a，b，c是三个不同的正整数，$1<a<b<c$，a，b，c都是$n+1$的因数但都不是n的因数，并且满足条件：

$$\frac{1}{a}+\frac{1}{b}+\frac{1}{c}=\frac{n}{n+1} \qquad ①$$

求满足方程①的正整数解。

在①式中，n表示老人遗产的牛数，$\frac{1}{a}$，$\frac{1}{b}$，$\frac{1}{c}$分别表示三个儿子继承的份额。

①是数论中的不定方程，我们当然可按解不定方程的方法求解，但是也可以用算筹摆出图2那样的模式。

首先注意，$n+1$是a，b，c的公倍数，必有$n\geqslant c$。

若$a>2$，则$a\geqslant 3$，$b\geqslant 4$，$c\geqslant 5$，于是$\frac{1}{a}+\frac{1}{b}+\frac{1}{c}=\frac{n}{n+1}\leqslant\frac{1}{3}+\frac{1}{4}+\frac{1}{5}=\frac{47}{60}<\frac{4}{5}$，从而$n<4$，与$n\geqslant c$矛盾，所以$a=2$。

若$b>4$，则$b\geqslant 5$，$c\geqslant 6$，于是$\frac{1}{a}+\frac{1}{b}+\frac{1}{c}=\frac{n}{n+1}\leqslant\frac{1}{2}+\frac{1}{5}+\frac{1}{6}=\frac{13}{15}<\frac{7}{8}$，

从而 $n<7$，$n+1<8$，不可能是 a，b，c 的公倍数，所以 $b\leqslant4$，即 $b=3$ 或 4。

于是我们便可以给出 a，b，c 的所有可能情况的模型了。

先考虑 $a=2$，$b=3$ 的情形。这时 $n+1$ 是 6 的倍数，如图 2，画 6 个 k 个阳爻的卦，最后一卦有一个阴爻。让每一个阳爻表示老人的一头牛，牛的总数是 $6k-1$ 头。唯一的 1 个阴爻代表舅父的一头牛。由图 2 知，老三占的份额是 $\frac{1}{6}\times\frac{k-1}{k}=\frac{1}{c}$。因为 k 与 $k-1$ 互素，$k-1$ 必须是 6 的因数，才能使 $\frac{1}{6}\times\frac{k-1}{k}=\frac{1}{c}$，所以 $k-1=1$，2，3，6，即 $k=2$，3，4，7，进而得 $c=12$，9，8，7。

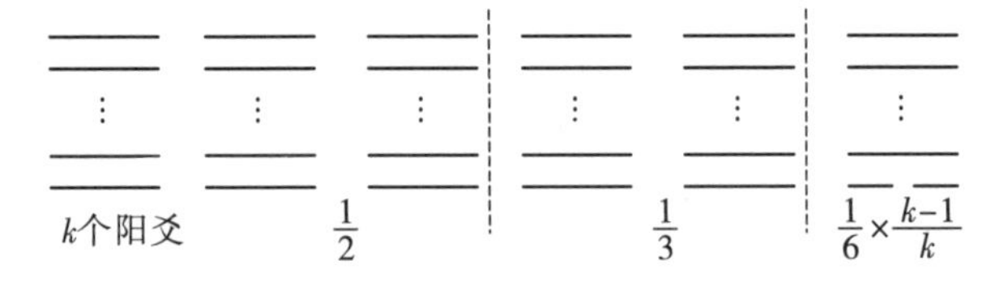

图 2　$a=2$，$b=3$，c 的模型

当 $a=2$，$b=4$ 的时候，这时 $n+1$ 是 4 的倍数，完全类似地，如图 3，$k-1$ 必须是 4 的因数，所以 $k-1=1$，2，4，即 $k=2$，3，5，进而得 $c=5$，6，8。

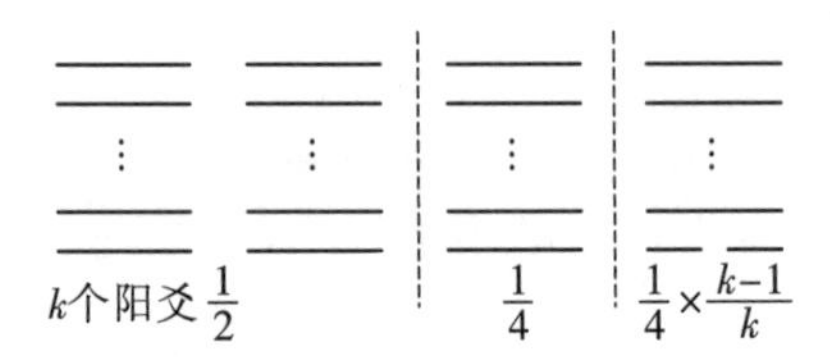

图 3　$a=2$，$b=4$，c 的模型

两个模型表示，方程①一共有 7 种解答：

$(a, b, c, n)=(2, 3, 7, 41)$；$(2, 3, 8, 23)$；$(2, 3, 9, 17)$；$(2, 3, 12, 11)$；$(2, 4, 5, 19)$；$(2, 4, 6, 11)$；$(2, 4, 8, 7)$。

趣谈复利公式

《红楼梦》里多处写到了放高利贷的事情。第二十四回写泼皮倪二就是“专放重利债”的。第三十九回写到袭人问平儿：这个月的月钱为什么到现在还没有发？平儿悄声告诉她：这个月的月钱，早被凤姐支出，拿到外面放高利贷了。等别处的利钱收了来，凑齐了才发放呢。袭人道：“难道他还短钱使，还没个足厌？何苦还操这心。”平儿笑道：“何曾不是呢。这几年拿着这一项银子，翻出有几百来了。他的公费月例又使不着，十两八两零碎攒了放出去，只他这梯己利钱，一年不到，上千的银子呢。”

凤姐扣着众人的月钱不发，拿去放高利贷，其心够贪够黑。根据平儿提供的信息，凤姐把使不着的月例十两八两零碎攒了起来放出去，一年不到，就变成了上千的银子，可见凤姐放的高利贷利息是相当可怕的。

放高利贷，利上滚利，一般都是使用复利公式计算：

$$A=A_0(1+p)^n \quad ①$$

其中 A_0 表示本金，p 表示利率，n 表示计息时间，A 表示本利和。

下面我们谈谈几个与复利公式①相关的有趣故事。

第一个故事：玫瑰花悬案

据说 1797 年，拿破仑参观了卢森堡国立小学，当时给学校赠送了一束价值三个金路易的玫瑰花，并当众作出承诺，只要法兰西共和国还存在，他将每年向学校赠送一束价值相等的玫瑰花，以作为两国友谊的象征。事后，拿破仑在风云变幻、戎马倥偬中早已忘却了这一诺言。时移世易，绝大多数的法国人也早不在意这一回事。但是，当历史的车轮驶入了 1894 年的时候，卢森堡王国郑重地向法兰西共和国提出了“玫瑰花悬案”，要求法国政府为维护拿破仑和法国人民的声誉，必须向卢森堡政府偿还 1375596 法郎的债务。这笔高达百万法郎的巨额债务从何而来呢？原来就是以每年 3 个金路易的玫瑰花为本金，按 5%的年利率，在 97 年的时间里按公式①计算出来的。

这一近乎荒唐但却是严肃的历史公案曾使法国政府陷入了颇为难堪的局面。

第二个故事：富兰克林的遗嘱

美国科学家富兰克林在临终之前立下了一份赠给家乡人民几百万英镑的遗嘱。可是，他身后实际留下的财产大约只有一千英镑。这是怎么一回事呢？是不是这位伟大的科学家因为重病，在临终之前已经神志不清，还是起草遗嘱的律师理解错了他的原意呢？都不是的，原来那份奇特的遗嘱是这样写的：

“……我把这 1000 英镑赠送给波士顿的居民，如果他们接受了这笔遗产，那么应该把这笔钱托付给一些挑选出来的公民，他们得把这些钱按每年 5%的利率借给一些年轻的手工业者去做生意。过 100 年后，这笔钱增加到 131000 英镑。我希望用其中的 100000 英镑来建立一所公共建筑物，剩下的 31000 英镑继续拿去生息 100 年。在第二个 100 年结束的时候，这笔钱将增加到 4061000 英镑，其中的 1061000 英镑还是由波士顿的居民来支配，而其余的 3000000 英镑让马萨诸塞州的公众来管理。自此以后，我就不敢再多作主张了。”

1000 英镑的本金，5%的年利率，按公式①计算，100 年后的本利和为

$$1000\times(1+5\%)^{100}=131501(\text{英镑})$$

比起富兰克林在遗嘱中提到的数字，还要多出 501 英镑哩！至于到了第二个 100 年，这 31501 英镑应该增值到 4142421 英镑，比富兰克林遗嘱中提到的数字也要大些。

可见，富兰克林的遗嘱是经得起数学的推敲的。

第三个故事：卧薪尝胆

我们大概都熟悉“卧薪尝胆”的故事。《史记·越王勾践世家》中记载：春秋时期，公元前 497 年，越王勾践被吴王夫差打败，只剩下步卒五千人，被吴军团团围困在会稽山上，只好向吴王投降。勾践滞留吴国，饱尝了亡国之

君的羞辱与痛苦。勾践回到越国以后，励精图治，他晚上睡在铺着柴草的床上，吃饭睡觉之前都要尝一尝苦胆的滋味，以此激励斗志，不忘国耻，使越国的国力大大地强盛起来。而吴王夫差则恰恰相反，整天沉湎于越国进贡的美女西施的美色，朝歌夜弦，不理国事，却又穷兵黩武，多次向齐国用兵，都遭惨败，国力日渐衰微，终于给越王勾践提供了报仇的机会。越国先后于公元前 482 年和公元前 478 年两次大败吴军，最终于公元前 475 年包围了吴国的都城姑苏，三年之后，灭了吴国，报了会稽之仇。

于是，就有了一个很现实的数学问题：越王勾践经过“十年生聚，十年教训”，在 20 年内，使越国的综合国力超过吴国，以求战而胜之，至少要有多快的发展速度才能达到目的？

这个问题也许并不容易回答，但是我们可以作一些粗略的估计。在那列国并立、烽烟不断的春秋时代，一个国家的综合国力大概与它的军事实力是成正比的。因此，我们不妨用两国军事力量的对比来衡量两国综合实力的对比。当年勾践兵败会稽时，尚有五千士兵，吴国应该有多少军队呢？按照《孙子兵法》的说法，“十则围之，五则攻之……”吴军能把越军重重围困，全国兵力应不少于越国的 10 倍。因此我们可以认为，吴国的综合国力至少要是越国的 10 倍以上。即使不考虑 20 年间吴国的发展，越国也必须在 20 年内使自己的综合国力至少提高 10 倍。为了达到这一目的，每年的平均增长速度应该不低于多少？

设越国原有的综合国力为 1，每年平均增长速度为 p，根据复利公式①，应有：

$$(1+p)^{20}\geqslant 10$$

解出这个不等式，可得 $p\geqslant 0.12$。这意味着，越国要想在 20 年内把综合国力提高 10 倍以上，每年的平均增长速度必须达到 12%左右。

第四个故事　一个鸡蛋的家当

明朝人江盈科写过一本书，书名叫《雪涛小说》，其中有一篇寓言《妄心》里说：

一位穷困潦倒的市民某日拾得一枚鸡蛋，他喜出望外，回家与妻子盘算着：把这枚鸡蛋借邻人的母鸡孵化成小鸡，选取一个雌雏，雌雏长大了可以生蛋。一个月生 15 只蛋，可孵出 15 只鸡。两年之后，就可得 300 只鸡。把鸡卖掉换回 5 头母牛，母牛生母牛，三年之后可得 25 头牛；加上小母牛还要生牛，三年之后可得 150 头牛。把牛卖掉可得银子 300 两，再把这些银子去放债，三年内连本带利就可得 500 两银子。用其中的三分之二购置房屋田产，三分之一购买童仆，娶小老婆。“哈哈，我成富翁了!”他兴奋之余，得意忘形起来。可是他的妻子听说他发财后要娶小老婆，醋意大发，挥手把那枚鸡蛋一拍，“叭”的一声，鸡蛋掉到了地上。随着蛋沫的飞溅，他的“万贯家财”也化成了泡影。

平心而论，这位市民倒是懂得一些“市场经济”的知识。他并没有想到用拾得的这枚鸡蛋先饱口福，而是想到商品经济的“经济学”原理——一本万利。于是计划把资本(尽管是那样的微不足道!)投入生产，并对未来描绘出一幅美好的蓝图。遗憾的是，他有计划而无行动，他的计划连第一步也没有迈出就付诸东流了。

不过此人计算 5 头母牛 6 年之后可繁殖出 150 头牛是绝对不正确的。最乐观的估计，假定母牛每年都能生一头小母牛，小牛第一年当然不会生殖，算它一年之后又能生小牛。那么，此人两个三年最多能有的牛数如下：

第一年：10 头(大牛 5 头，小牛 5 头)；

第二年：15 头(大牛 10 头，小牛 5 头)；

第三年：25 头(大牛 15 头，小牛 10 头，还合乎预算)；

第四年：40 头(大牛 25 头，小牛 15 头)；

第五年：65 头(大牛 40 头，小牛 25 头)；

第六年：105 头(大牛 65 头，小牛 40 头)。

因此，到第二个三年最多也只有 105 头牛而不是 150 头，误差达 40%以上，看来此人的“计划经济”也太不精密了。

数学与文化

红楼梦里的常数

《红楼梦》里对“十二”这个数可谓情有独钟，著名红学家周汝昌认为“十二”是书中常数，在前八十回中有几十个地方出现过。第一回写女娲炼石补天所用的石头就是高十二丈。第五回中更多地出现了十二这个数，警幻仙子谱写了《红楼梦》仙曲十二支；贾宝玉见到了“金陵十二钗”的正册、副册和又副册。第七回写薛姨妈让周瑞家的给姑娘们送宫花，恰好是十二支。更有趣的是，薛宝钗常服的“冷香丸”，其配方要用四种花蕊各十二两，四种雨水各十二钱，……，竟然接连用了十多个“十二”。

“十二”这个数字为什么出现得这么频繁，实在耐人寻味。它体现了我国古代“天人合一”的哲学理念：一年有12个月，一天有12个时辰，人的出生年份对应于12生肖。

其实不仅从文化的角度看12这个数字会令人感兴趣，即使从数学的角度，人们也会对12这个数感兴趣。

首先，12＝3＋4＋5，(3，4，5)是一个三个数之和最小的勾股数组。

什么叫勾股数组呢？我们知道数学中有一个著名的勾股定理：

直角三角形两直角边的平方和等于斜边的平方。

如果一个直角三角形的两条直角边长分别为x，y，斜边的长为z，则$x^2+y^2=z^2$。当x，y，z都是正整数时，则称(x，y，z)为勾股数组。若x，y，z还两两互质，则(x，y，z)称为基本勾股数组。换言之，方程$x^2+y^2=z^2$的正整数解(x，y，z)称为勾股数组。据中国古代数学名著《周髀算经》记载，早在公元前11世纪时，我国西周的数学家商高就知道(3，4，5)是一个勾股数组。公元前6世纪古希腊的毕达哥拉斯学派则发现了更一般的勾股数组$(2n+1, 2n(n+1), 2n^2+2n+1)$，其中$n$为任意正整数。但是毕达哥拉斯并没有导出所有的勾股数组。因为我们可以证明下面的定理：

所有的基本勾股数组(即三个数两两互质)可表示成

$$(x, y, z)=(m^2-n^2, 2mn, m^2+n^2) \quad m, n\in \mathbf{N}_+。$$

其中m，n一为奇数，一为偶数，$m>n$且$(m, n)=1$。

勾股定理发现的伟大意义在于：那是人类最早用理性思维得到的成果之一，人类仅凭经验是得不出这一结论的。据说当毕达哥拉斯学派发现勾股定理的时候，便认识到了这一定理的重要意义，曾经杀了100头牛来祭祀天地，庆祝成功。毕达哥拉斯是怎样证明勾股定理的，已经史无明文，无从查考了。其实，不少数学史家认为勾股定理并非毕达哥拉斯首先发现的，也不是由他们首先证明的。那么，勾股定理的证明究竟应该归功于谁呢？要回答这个问题，必须从我国最早的天文学和数学著作《周髀算经》谈起。

《周髀算经》约成书于公元前一世纪，该书开宗明义第一篇就载有周公与商高的一段有关勾股定理的对话：

昔者周公问于商高曰：“窃闻乎大夫善数也，请问古者包牺立周天历度。夫天不可阶而升，地不可得尺寸而度，请问数从安出?”商高曰：“数之法出于圆方，圆出于方，方出于矩，矩出于九九八十一。故折矩，以为勾广三，股修四，径隅五。既方之外半其一矩。环而共盘得成三四五。两矩共长二十有五，是谓积矩。”

笔者认为：如果把这段话翻译成现代汉语，它的意思是说：

商高(用细长条)折出“勾3、股4、弦5”的直角三角形进行演示(故折矩以为勾广三，股修四，径隅五)，他用(四个)直角三角形合成一个正方形(既方之)，它的外部是由一个直角三角形环绕而成的一个方形盘(外半其一矩环而共盘)，便得到了三、四、五的数据(得成三四五)，(内部)两个直角三角形所增加的面积为25(两矩共长二十有五)。这就是利用面积推理的方法(是谓积矩)。

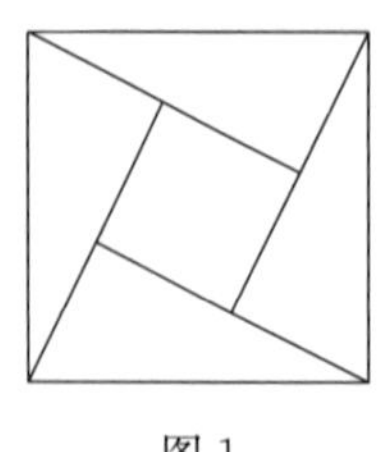

图 1

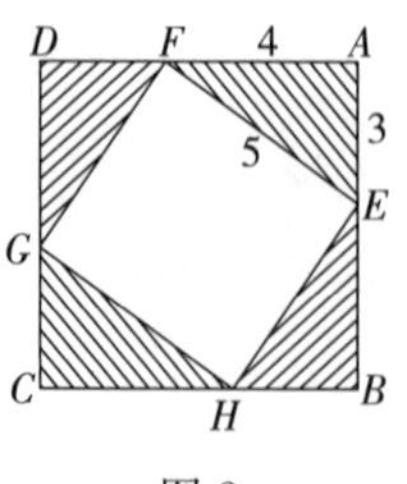

图 2

用几个非等腰的(例如勾三、股四)直角三角形合成一个正方形至少要用四个直角三角形，如果恰好用四个，合成的方法只有图 1 和图 2 所示的两种形式。图 1 正是赵爽注《周髀算经》时所用的弦图。而商高演示时做的可能是图 2 的形式。“外半”指图 2 中外围附有阴影的部分，是由同一个直角三角形 AEF 环绕而生的，其面积为$(3\times4\div2)\times4=24$，整个正方形 $ABCD$ 的面积是$(3+4)^2=49$，所以内部的正方形的面积为 $49-24=25$，即内部的正方形的边长，也就是直角三角形斜边 EF 的长为 5。

这种利用面积推理的方法，对一般的直角三角形完全适用。当直角三角形的边长为 a，b，c 时，计算完全一样：

大正方形 $ABCD$ 的面积$=(3+4)^2=49$，……$(a+b)^2$

外围部分的面积$=\left(\frac{1}{2}\times3\times4\right)\times4=24$，……$\left(\frac{1}{2}\times a\times b\right)\times4=2ab$

内部正方形 $EFGH$ 的面积$=49-24=25$，……$(a+b)^2-2ab=a^2+b^2$

所以，斜边 GH 的长为$\sqrt{25}=5$。……$(\sqrt{a^2+b^2})$

由此可见商高实际上已经证明了普遍意义下的勾股定理，他正是从边长为最小勾股数组(3，4，5)这个最基本的直角三角形出发的。

下面我们看一个我国古代数学利用勾股数组进行计算的例子。《九章算术》的第九章勾股章中，有一道问题，译成现代汉语，其大意是：

甲、乙二人同时从同一地点步行出发，二者速度之比，若甲为 7，则乙为 3。乙向东行，甲向南行 10 步后转向东北，并与乙相会，求甲、乙走的路程。

《九章算术》的解法思路是：设甲、乙两人从 B 点走了 7 个单位时间后相遇于 A 点，C 是甲的转向点，则$\triangle ABC$ 是直角三角形。乙走的路程为 $BA=7\times3$，甲走的路程为 $BC+CA=7\times7=49$，且已知 $BC=10$。与勾股数组比

较，可令 $a=7$，$b=3$，并按比例缩小$\frac{1}{2}$，则得

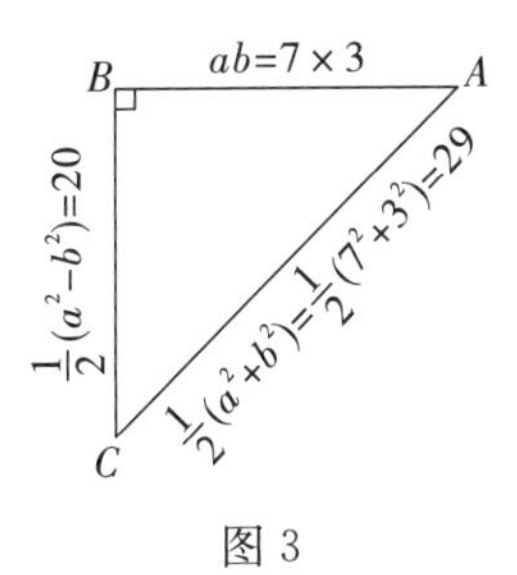

图 3

(1)乙向东行 BA 之步行比：$\frac{1}{2}(2ab)=\frac{2\times7\times3}{2}=21$，

(2)甲南行 BC 之步行比：$\frac{1}{2}(a^2-b^2)=\frac{7^2-3^2}{2}=20$，

(3)甲沿斜路 CA 之步行比：$\frac{1}{2}(a^2+b^2)=\frac{7^2+3^2}{2}=29$。

以 21，20，29 单位长作直角$\triangle ABC$，但它并不一定就是甲、乙实际行走的路线，而是一个与实际路线相似的直角三角形。注意到实际的 $BC=10$ 步，可知相似比为$\frac{1}{2}$，而$\triangle ABC$ 之周长为 $21+20+29=70$，所以甲、乙所走路程应为 $70\div2=35$(步)。

最后我们欣赏一组三边之比为 3∶4∶5 的直角三角形。

如图 4，设 $ABCD$ 是一张正方形纸片，将其对折两次，可以得出四边的中点 E，P，M，Q，进而沿 DE，DP，BQ，BM，AQ，AE，CM，CP 折叠，即得图 3 中各折痕线段和各三角形。请你猜一猜，图 3 中共有多少个三边之比为 3∶4∶5 的直角三角形?

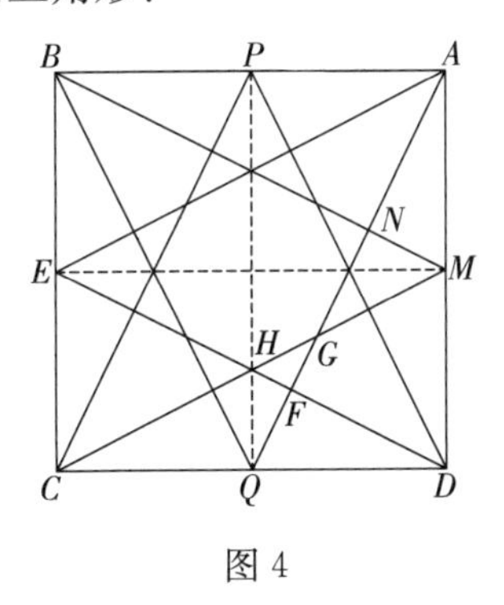

图 4

首先不难证明：与$\triangle GHF$全等的三角形共计8个，与$\triangle GMN$全等的三角形共计8个，与$\triangle AEF$全等的三角形共计8个，共计24个三角形。

其次容易看出：$\triangle GHF \backsim \triangle GMN \backsim \triangle AEF$。

最后证明$\triangle AEF$是三边之比为3∶4∶5的直角三角形。

事实上，设正方形边长为2，则正方形面积为4，$\triangle CEQ$面积为$\frac{1}{2}$，$\triangle ABE$与$\triangle ADQ$的面积和是2，于是$\triangle AEQ$的面积为

$$4-2-\frac{1}{2}=\frac{3}{2}=\frac{1}{2}AQ\times EF=\frac{\sqrt{5}}{2}\times EF$$

于是$EF=\frac{3}{\sqrt{5}}$，由勾股定理得，$AF=\frac{4}{\sqrt{5}}$，从而$\triangle AEF$是三边之比为3∶4∶5的直角三角形。所以，图4中有24个三边之比为3∶4∶5的直角三角形。

只为阴阳数不通

《红楼梦》第二十二回写到贾母与孙儿、孙女们猜谜取乐，贾迎春制作了一首灯谜，谜面是：

天运人功理不穷，有功无运也难逢。
因何镇日纷纷乱，只为阴阳数不同。

这个谜语的谜底一望而知是“算盘”。为什么在这个谜语中把“阴阳”和数联系在一起呢？许多数学对象都存在着两种对立的状态，如数的正与负，奇与偶；形的方与圆，曲与直；等等。所以，中国古代数学的发展与这种阴阳互相对立转化的思想有密切的关系。三国时期的著名数学家刘徽在整理中国古代数学名著《九章算术》时，在序言中写道：“徽幼习《九章》，长再详览。观阴阳之割裂，总算术之根源……”刘徽说他少年时代学习《九章算术》，长大后再详细研究，观察阴阳的分合与转化，总结出数学思想的根源。事实上，我们即使只把阴阳爻当作两种不同的符号就能解答许多数学问题。

《周易》用阴、阳两个抽象的概念来表示事物中互相对立的两种状态，并分别用符号“—”(叫作阳爻)和“－－”(叫作阴爻)来表示之，用阴阳爻的互相分合转化来描述事物的变化。把几个爻按从下到上的顺序重叠排列得到的图形称为“卦”，用三个爻的卦叫单卦，用六个爻的卦叫作重卦(相当于把两个单卦重叠)。由排列组合知道，由两个爻组成的二爻卦有 $2^2=4$(个)，称为四象：

⚏	⚎	⚍	⚌
老阴	少阳	少阴	老阳

由三个爻组成的三爻卦有 $2^3=8$(个)，称为八卦：

坤　艮　坎　巽　震　离　兑　乾

由 6 个爻组成的卦有 $2^6=64$ 个。

2019 年高考全国Ⅰ卷理科数学试卷中的第 6 道试题是：

我国古代典籍《周易》用“卦”描述万物的变化。每一“重卦”由从下到上排列的 6 个爻组成，爻分为阳爻“——”和阴爻“－－”，右图就是一重卦。在所有重卦中随机取一重卦，则该重卦恰有 3 个阳爻的概率是　　(　　)

A. $\frac{5}{16}$　　B. $\frac{11}{32}$　　C. $\frac{21}{32}$　　D. $\frac{11}{16}$

这是一道考查排列、组合以及古典概率的基础题。

解法一　因为重卦共有 $2^6=64$(个)，恰有 3 个阳爻的卦是从 6 个(有顺序)爻中任取 3 个为阳爻的组合数，共有 $C_6^3=\frac{6\times5\times4}{3\times2\times1}=20$(个)，所以恰有 3 个阳爻的概率是 $\frac{20}{64}=\frac{5}{16}$。

解法二　此题也可以用八卦相重的方法进行计算。一个六爻的重卦是由 8 个三爻卦中任取两个重叠起来得到的。

有 3 个阳爻的重卦其 3 个阳爻分布在上、下两个三爻卦中，若下卦有 k ($k=0$，1，2，3)个阳爻，则上卦有 $3-k$ 个阳爻。因为三爻卦中有 0 个，1 个，2 个，3 个阳爻的卦分别有 1 个，3 个，3 个，1 个，因此上下卦有下列各种重叠方式：

下卦 0 个阳爻，上卦 3 个阳爻的有 $1\times1=1$(个)；

下卦 1 个阳爻，上卦 2 个阳爻的有 $3\times3=9$(个)；

下卦 2 个阳爻，上卦 1 个阳爻的有 $3\times3=9$(个)；

下卦 3 个阳爻，上卦 0 个阳爻的有 $1\times1=1$(个)。

因此含有 3 个阳爻的重卦共有 $1+9+9+1=20$(个)。因为重卦共有 $8\times$

$8=64$(个)，所以恰有 3 个阳爻的概率是$\frac{20}{64}=\frac{5}{16}$。

解法三 易卦除了与排列组合有密切的关系外，也与二项式定理等内容密切相关。试用 A 代表阳爻，B 代表阴爻，则在二项式的展开式

$$(A+B)^6=A^6+6A^5B+15A^4B^2+20A^3B^3+15A^2B^4+6AB^5+B^6$$

中，A^3B^3 一项的系数 20 就是恰有 3 个阳爻的重卦的个数，因为重卦共有 64 个，所以在所有重卦中随机取一重卦，该卦恰有 3 个阳爻的概率是$\frac{20}{64}=\frac{5}{16}$。

易卦蕴含着丰富的数学思想，能作为许多数学问题或实际问题的模型，而且其中很大一部分都能与高中数学教材紧密结合。以这道高考试题为例，我们试看下面两个例子：

例 1 许多对抗性的体育比赛采用七场(局)四胜制，如美国 NBA 篮球决赛，男子乒乓球单打决赛等，没有平局，一方先胜四场，比赛即告结束。试问需要比赛七场才能决出胜负的概率是多少？

如果比赛的一方 A 获胜用一个阳爻表示，另一方 B 获胜用一个阴爻表示，那么前六场的比赛结果即可用 64 个重卦表示。需要比赛七场才能决出胜负，前六场必须双方各胜三场，比赛的结果就是一个恰有 3 个阳爻的重卦，由上面谈到的高考试题即知，恰有 3 个阳爻的概率是$\frac{5}{16}$，即需要比赛七场的概率为$\frac{5}{16}$。

例 2 李异居住在一个如图 3 那样的小区里，小区中有一个 3×3 的棋盘形通道网，他每天从住处 A 出发到 B 处上班，他只走最短的路线，即只向东走或向北走，而不走回头路。共有多少条不同的路线？

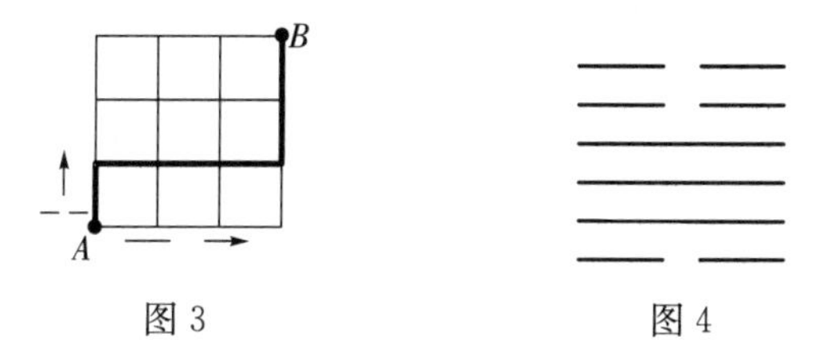

图 3　　　　图 4

因为不管李异怎样选择，他必须向东走 3 条通道，向北走 3 条通道，一共 6 条。如果他向东穿行一条通道，用一个阳爻表示；向北穿行一条通道，

用一个阴爻表示，那么他走的每一条路线就可以用一个六爻卦表示，这个卦恰好有 3 个阳爻(3 个阴爻)。如图 3 中用粗黑线表示的道路就对应着图 4 所示的恰有 3 个阳爻的卦，从 A 到 B 的道路集合与恰有 3 个阳爻的重卦集合有一一对应关系，所以从 A 到 B 有 20 条不同的路线。

例 3 如图 5，在 18×18 格的围棋盘中右上角标“▲”的小方格表示山顶。游戏规则约定：

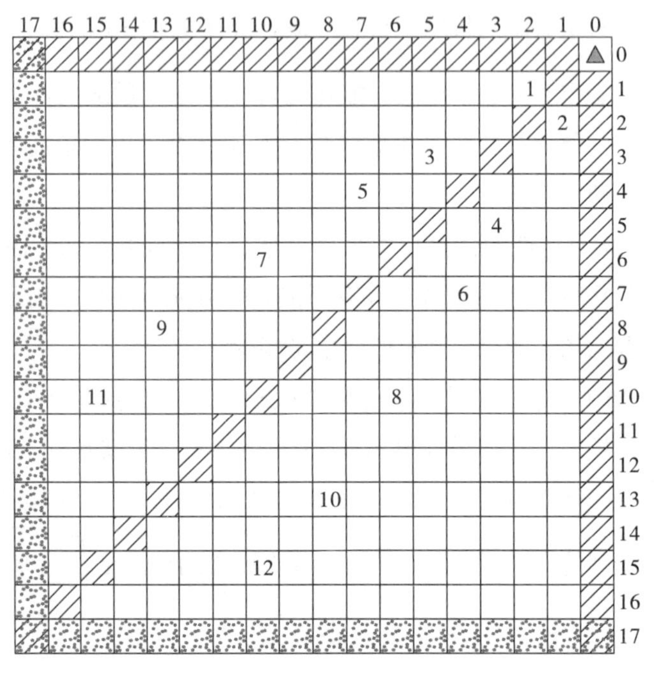

图 5

棋子只向右、向上，以及向右上(对角线方向)走若干格，而且只能前进，不准倒退。谁把“皇后”推上了山顶，谁就得胜。

设 A 先行，把“皇后”(即唯一的一枚棋子)放在最左列或最下行(打有“黑点阴影”)的某一格中，然后 B 按规则任意移动棋子，A 再移动，如此轮流继续。显而易见，如果谁把“皇后”移进打了斜线阴影的格子，则他的对手必胜无疑，因按规则，对手下一步就可把皇后移到山顶。因此，任何一方都要避免“误入”图 5 中的三条标斜线的阴影格，而且力争把对手“逼”进去。

现在看图 5 中标有“1”和“2”的两格，它们的上、右和右上三格均为斜线阴影格，如果谁能把皇后走进了这两格中的一格，就等于逼对方把皇后走入斜线阴影格，下一步他就能把皇后直接推上山顶而获胜。故称标有1，2的两格为“制胜点”。同样，谁要抢到标有3或4的格，则必能在下一步抢到1或2或走入▲(走法正确的话)。因此，标有3，4的两格是第二对“制胜点”。类似的分析可知，标有5和6，7和8，9和10，11和12的各对格子都是制胜点。

怎样才能占领图5中那些制胜点呢？数学家们经过研究，早已推导出公式，列出表格。但是公式推导不易，表格记忆亦难。下面介绍如何利用我国汉代扬雄的太玄图来帮助记忆。

汉朝的文学家扬雄(前53—18)曾经模仿《周易》写了一本《太玄经》，《太玄经》中有81个类似于易卦的“太玄图”。“太玄图”把阴阳的二元概念扩展到三元，将阴爻、阳爻两个符号发展为三个，由3种不同的符号构成(图6)，分别称为“一”、“二”、“三”。

（一）　（二）　（三）

图6　太玄图的三种符号

一对制胜点分别由一个奇数和一个偶数表示，不妨分别称它们为奇数点和偶数点，我们只要能确定奇数点的位置就可以了，至于偶数点可以根据它与奇数点关于对角线对称的关系直接写出。

假设A是一对制胜点中的奇数点，A点到最右列的格数为m，到最上一行的格数为n，则把(m,n)称为A点的坐标。算出了m，n，A点的位置也就确定了。图7是分别由两个太玄图上下重叠而成的八画图，上面的那个太

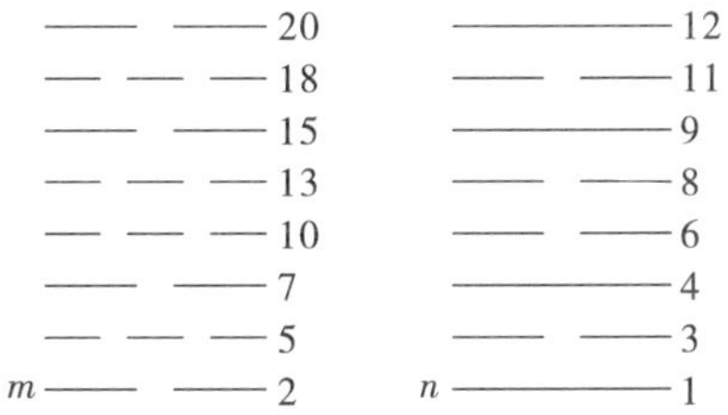

m：20，18，15，13，10，7，5，2　　n：12，11，9，8，6，4，3，1

图7

玄图是由下面的太玄图倒转而得的。图7的构造特点，可用口诀帮助记忆：

“一二一二，二一二一；左与右比，每画加一。”

意思是：右边的太玄图按“一二一二，二一二一”的顺序由下往上构成，

左边的太玄图和右边相比，只要每一画都加一即可，即一变二，二变三。就得到图 7。

从图 7 出发，可以逐步写出各制胜点的坐标(m, n)。从下往上数，左图第一画是“二”，右图第一画是“一”，那么第一个制胜点的坐标就是(2，1)。左图第二画是“三”，右图第二画是“二”，那么在第一个制胜点的两个座标上分别加上 3 和 2，得到(5，3)，就是第二个制胜点的坐标。余可类推。

因此前八对制胜点中的奇数点的坐标依次是：

(2，1)，(5，3)，(7，4)，(10，6)，(13，8)，(15，9)，(18，11)，(20，12)

莱布尼茨的新公案

《红楼梦》第三十一回写了史湘云与丫鬟翠缕大谈阴阳之理的故事。史湘云告诉翠缕说："……天地间都赋阴阳二气所生，或正或邪，或奇或怪，千变万化，都是阴阳顺逆。多少一生出来，人罕见的就奇，究竟理还是一样。"翠缕道："这么说起来，从古至今，开天辟地，都是阴、阳了？"湘云笑道："糊涂东西，越说越放屁。什么'都是些阴、阳'，难道还有个阴、阳不成！'阴''阳'两个字还只是一字，阳尽了就成阴，阴尽了就成阳，不是阴尽了又有个阳生出来，阳尽了又有个阴生出来。"翠缕道："这糊涂死我了！什么是个阴、阳，没影没形的。我只问姑娘，这阴、阳是怎么个样儿？"湘云道："阴、阳可有什么样儿，不过是个气，器物赋了成形。比如天是阳，地就是阴；水是阴，火就是阳；日是阳，月就是阴。"翠缕听了，笑道："是了，是了，我今儿可明白了。……"

史湘云谈的阴阳，自然来自《易经》，易经是中国古代典籍中最具魅力的经典之一，其用阴、阳两个抽象的概念来表示事物中互相对立的现象。

1700年德国数学家、哲学家莱布尼茨当选为巴黎法国皇家科学院的外籍院士。1701年，他给巴黎科学院提交了一篇题为《数字新科学论》的论文，内容是介绍他发明的二进制算术的。但是法国科学院以看不出二进制数有什么用处为理由，婉言谢绝发表该论文。莱布尼茨本人当时也未看出二进制数有何实用价值，也同意暂时不必发表，他准备从数的理论方面进一步进行研究。后来他得到了在中国传教的法国教士白晋的帮助，白晋把中国哲学家邵雍的《先天图》(易经64卦的一种排列图)寄给了莱布尼茨。莱布尼茨收到了邵雍的伏羲六十四卦图以后，惊奇地发现，易卦与他发明的二进制数具有同构关系。他十分高兴地写信给白晋说，他破译了中国几千年不能被人理解的千古之谜，应该让他加入中国籍。莱布尼茨的这一发现被认为是一个里程碑式的巨大发现。1703 年，正是这个“巨大发现”，使莱布尼茨的经过补充修改的论文《论只用 0 和 1 的二进制算术——兼论它的用途以及它对中国古代伏羲图的意义的评注》立即在法国皇家科学院院报上正式发表。“一石激起千层浪”，从此二进制算术公布于世，易卦与数学的关系也被陆续的揭示出来。曾经与牛顿有过微积分发明权之争的莱布尼茨，他发明二进制数是否曾经借鉴了邵雍的先天八卦图，又成了今天某些人争论的公案，从上世纪 80 年代起至今出现了长达四十多年的争论。不过这样的争论并没有多大的实际意义，重要的是莱布尼茨的发明与发现，加强了中西文化的沟通与交流，为计算机的发明提供了软件设计的基础。

如果把易卦中的阳爻与 1 对应，阴爻与 0 对应，则每个卦都对应一个六位的二进制数(为统一计，允许在不足六位的二进制数前补 0，使凑足六位)，如：

$001101_2=13$　　　　$101100_2=44$

反过来，每一个不超过 63 的自然数，把它化为二进制数后，也一定可以表示为一个易卦，如：

$39=100111_2$　　　　$56=111000_2$

此外，还必须注意：

(1)把一个卦的爻数不断增加，可以表示更大的自然数；

(2)同样地，我们还可以用四象(⚏ ⚎ ⚍ ⚌)作为“四进制数”的四个数码(0，1，2，3)，把三个“四象”重叠起来就得到一个重卦，因此 64 个重卦就表示 0～63 之间的(所有不超过三位的)“四进制数”。

如果把八个经卦的符号(☷ ☶ ☵ ☴ ☳ ☲ ☱ ☰)借用为“八进制数”中的八个数码(0，1，2，3，4，5，6，7)，把两个经卦重叠起来就得到一个重卦，那么 64 个重卦就表示 0～63 之间的(不超过两位的)“八进制数”。

100101_2(二进制)　　　　211_4(四进制)　　　　45_8(八进制)

二进制数是电子计算机软件设计的基础，今天，在计算机软件设计中，二进制数早已不够用了，人们开始使用四进制数、八进制数、十六进制数等。易卦是能够与时俱进的，例如借用16个四爻卦作为十六进制的数码来表示十六进制数，32个五爻卦作为三十二进制的数码来表示三十二进制数，等等。

总之，我们有下面的定理：

n 爻卦与 2^n(n 为正整数)进制数之间，可以建立一一对应的关系。

因为易卦与二进制数之间有一一对应的关系，通过二进制数的中介，易卦不仅可以表示任何一个自然数，还可以用来设计许多复杂问题的计算模型。下面是两个有趣的应用。

(1)卖鸡蛋模型

我国民间有一道广为流传的古算趣题：

一位老太太提着一篮子鸡蛋去卖，第一个人买走了鸡蛋的一半又半个；第二个人买走剩下的一半又半个；第三个人买走了前两个人剩下的一半又半个，正好卖完全部鸡蛋，问老太太一共卖了多少个鸡蛋？

人们通常用逆推法或列方程法来解此题，其实，这类问题可以利用易卦(二进制数)构建简单的算法模型：

假设鸡蛋共卖了 n 次，画一个 n 爻全是阳爻的卦，即写出一个所有数码都为1的 n 位的二进制数，然后换算成该卦对应的十进制数，即得鸡蛋数。

本题中共卖了3次，写出三位的二进数111，化成十进制数为：

$$111_2=2^2+2^1+1=4+2+1=7$$

即老太太原有7个鸡蛋。

若老太太共给5个人卖了鸡蛋，则她有31个鸡蛋。

$$11111_2=2^4+2^3+2^2+2^1+1=16+8+4+2+1=31$$

(2) 分苹果模型

某人有若干个苹果，他第一次把所有苹果的一半加一个分给了第一个人；第二次又把剩余苹果的一半加一个分给了第二个人；以后照此办理，最后第 n 次把剩余的一半分给了第 n 个人。这时他还剩下 k 个苹果。问他原来一共有多少个苹果？

利用易卦(或者说利用二进制数)可以建立解答这类问题的模型：

第一步：首先用二进制数写出 k，设它是一个 m 位的二进制数。

第二步：在 k 后加写 $(n-1)$ 个 1 和一个 0，得一个 $(m+n)$ 位二进制数。

第三步：把 $(m+n)$ 位的二进制数化为十进制数，就得原有的苹果数。

例 1　传说捷克的柳布莎公主对三个向她求婚的小伙子许诺说，只要他们谁能最先做出下面的算题，她就嫁给谁。

“如果把我篮子里的李子的一半再加上一个给第一个小伙子；把剩下的一半再加上一个给第二个小伙子；再把剩下的李子平分，把一半另加上三个给第三个小伙子，这时篮子就空了。”篮子里原有多少个李子？

第一步：因为 $k=3$(剩下 3 个给了最后一个小伙子)，用二进制数写出是 11，

第二步：在 11 后面加 2 个 1 和一个 0，得到五位的二进制数 11110_2。

第三步：将这个二进制数转化为十进制数：

$$11110_2=2^4+2^3+2^2+2^1=16+8+4+2=30$$

本题的答案是：篮子里原来有 30 个李子。

例 2　下面这道古代意大利的趣味数学题，也是这种类型：

一个妇人进果园采苹果。果园有七道门，出第一道门时，他把所采苹果的一半加一个给了看门人；出第二道门时，又给了看门人自己剩下苹果的一半加一个苹果；以后的五道门也都照此办理，离开果园时，他只剩下一个苹果。他在果园里一共采了多少个苹果？

在这个问题中 $n=7$，$k=2$(包括给门卫的一个和剩下的一个)，$m=2$。

第一步：先写出表示数 2 的二进制数 10；

第二步：在 10 后加 6 个 1 和一个 0，得九位二进制数 101111110_2；

第三步：将这个九位二进制数化为十进制数：

$$\begin{aligned}101111110_2&=2^8+2^6+2^5+2^4+2^3+2^2+2^1\\&=256+64+32+16+8+4+2=382。\end{aligned}$$

即此人共采摘苹果 382 个。

文字与数字同游

《红楼梦》里有许多暗含隐喻的文字，作者是玩文字游戏的高手。开篇第一回提出的两个人——甄士隐和贾雨村，即用谐音隐喻，这本书中的真事已经隐去，留存下来的只是假话。书中第一个出场的薄命女甄英莲谐音应为真应怜。英莲后来还改过两次名，第一次被薛宝钗改名香菱，乃怜香的谐音，尚有怜香惜玉之意。第二次被夏金桂改名秋菱，则变为求怜的谐音，已是秋风肃杀，秋菱逐渐凋萎了。

还有索隐派红学家认为：贾家有四大姑娘，元春、迎春、探春、惜春。元者，原也；迎者，应也；探者，叹也；惜者，息也，合起来就是"原应叹息"的总布局。此类索隐，比比皆是。就像猜一些用谐音编成的字谜一样，猜谜者可以尽量发挥自己的想象空间。

文学家善于做用文字隐喻文字的游戏，数学工作者则喜欢用文字隐喻数字做数学游戏，这类游戏需要较强的逻辑推理能力，既能培养青少年的逻辑思维，又能引起学习兴趣，所以能在国内外广为流传，长盛不衰。

例 1 杜牧的七绝《清明》：

清明时节雨纷纷，路上行人欲断魂。
借问酒家何处有？牧童遥指杏花村。

这首诗意境优美，语言清丽，展现出一幅烟雨江南的图画，有自然美，也有人情味。画家可以根据唐诗来作画，数学家也可以根据唐诗来编题。笔者曾经利用"纷纷"这个叠音词并借"酒"与"九"的谐音，编制了一个有趣的数学题：

写出下面算式的答案，式中相同的汉字代表相同的数字，不同汉字代表不同的数字。

$$\begin{array}{r}\text{清明时节雨纷}\\ \times\qquad\qquad\text{纷}\\ \hline \text{酒酒酒酒酒酒}\end{array}$$

这个问题的解答很简单，注意到“酒”代表一个平方数的个位数字，只能是0，1，4，5，6，9。若“酒”=0，5，6，则“纷”也只能为0，5，6，出现重码，应予排除。若“酒”=1，则“纷”只能为9，从而“清”≥2，式中乘积将成七位数，矛盾。若“酒”=4，则“纷”=2或8，但用444444除以2或8，都不能得到六位数字互不相同的商，也矛盾。唯一的可能是“酒”=9，“纷”=7，经检验999999÷7=142857，符合题意。

例2　对于任何10个互不相同的汉字，都可以使它们分别对应0，1，2，3，4，5，6，7，8，9这10个数字，从而编出各种不同的算式。例如，孟郊《游子吟》中的诗句，便可编成下面的算题。

在下面这个算式中，不同的汉字代表不同的数字，它们恰好是0，1，2，3，4，5，6，7，8，9这10个数字，试写出“衣”字的最大可能值。

$$\begin{array}{r}\text{慈}\\ \text{母手}\\ +\ \ \text{中线游}\\ \hline \text{子身上衣}\end{array}$$

从式中前两位在相加时的进位情况，立即知道：子=1，中=9，身=0。

个位上三个数字没有0，1，9且互不相等，所以其和满足：

$$2+3+4\leqslant\text{慈}+\text{手}+\text{游}\leqslant 8+7+6=21$$

因为衣≠9，1，0，所以个位上的和恰好进位1，从而个位上是：

$$\text{慈}+\text{手}+\text{游}=10+\text{衣} \qquad ①$$

因为百位上也要进1，所以百位上是：

$$\text{母}+\text{线}+1=10+\text{上} \qquad ②$$

①+②得：

$$\text{慈}+\text{手}+\text{游}+\text{母}+\text{线}+\text{衣}+\text{上}=19+2\times(\text{衣}+\text{上})$$

因为，慈+手+游+母+线+衣+上=2+3+4+5+6+7+8=35，所以

$$衣+上=(35-19)\div 2=8$$

由于“衣”与“上”都是大于 1 且互不相等的整数，要使其和为 8，只能是 2 与 6 或 3 与 5，因此“衣”的最大值为 6，如 5+48+973=1026。

例 3 在下面这个用单词组成的算式中，单词的每一个字母代表一个数字，不同的字母代表不同的数字，在算式成立的前提下确定每一个字母代表的数字。

```
   S E V E N
   T H R E E
+      T W O
-------------
 T W E L V E
```

国外对文字算式题也很感兴趣。英文 SEVEN，THREE，TWO，TWELVE 的意义分别是 7，3，2 和 12，而 7+3+2 恰好等于 12。在这个“算式”中，文字与数字之间，都适合自然的法则，相映成趣。

在万位上，S 与 T 相加后进位为 T，可知 T=1。

在千位上，E 与 H 相加后个位数为 E，可知百位上相加后一定有进位。百位上是 3 个数相加，进位只能为 2 或 1，若进位为 2，则 H=8，S=9。万位上成为 9+1+1=11，W=1，但已有 T=1，矛盾。故百位上的进位必为 1，从而千位上为 E+H+1=10+E，知 H=9，

这时万位上成为 S+1+1=10+W，因已有 H=9，故必 S=8，W=0。

由个位上的数看出 N+O+E=10+E，故知 N+O=10。因 9，8 都已出现，N，O 不能再为 8 或 9，所以 N+O=3+7 或 4+6。

若 N+O=3+7，剩下未用的数字还有 2，4，5，6，若 4 与 6 同在百位上，则和中的百位上应为 V、R、I 中的一个而不能为 L，这个矛盾证明了 N+O≠3+7，只有 N+O=4+6，这时剩下的数字还有 7，5，3，2。

百位上 V+R+T=V+R+1 不可能等于 17，15 或 12，只能是 13，所以 L=3，V 和 R 为 5 与 7 或 7 与 5，剩下的 E 必为 2，由十位上 E+E+w+1=2+2+0+1=5=V，知 V=5，R=7。

由于 N，O 可以互换，所以本题有两解，它们是：

```
   8 2 5 2 4        8 2 5 2 6
   1 9 7 2 2        1 9 7 2 2
+      1 0 6     +      1 0 4
------------     ------------
 1 0 2 3 5 2      1 0 2 3 5 2
```

诗趣与数趣齐辉

岳麓书社版的《红楼梦》第十八回有这样一段话：又有林之孝家的来回："采访聘买得十个小尼姑、小道姑都有了，连新作的二十份道袍也有了。"这里有一个问题，许多权威的版本，这段话都在第十七回，而且都作"采访聘买的十二个小尼姑、小道姑都有了，连新作的二十份道袍也有了。"20 件道袍，12 个小尼姑和 12 个小道姑如何分配？显然在数字上存在疑难。因而成了红学界的一大难题，至今未能解决。岳麓书社版校订时把它改成了"10 个小尼姑、小道姑"，那就消除了数字上的疑问，20 个小尼姑和小道姑分 20 件道袍，每人一件，顺理成章。但是不知道这样改动的根据在哪里？而且尼姑属于佛教，是不是会穿道袍也是一个疑问。本文无意涉及这些红学家们争论的问题，却想到了一个有趣的数学问题：

把 20 件道袍分给 12 个道姑，有多少种不同的分配方法？

这个问题在数学中称为整数的分拆。

在我国一些古典文学作品中，常有将一个正整数分成几个整数之和来表述的现象，以增加语言的生动性和作品的艺术感染力。例如《红楼梦》第一回写贾雨村在中秋之夜酒后兴起，对月寓杯，口号一绝云：

时逢三五便团圆，满把晴光护玉栏。
天上一轮才捧出，人间万姓仰头看。

在诗中他不直说"十五"，却把它分成三个五或者说五个三的和。

第七十六回林黛玉与史湘云中秋之夜在凹晶溪馆月下联诗，林黛玉的起句"三五中秋夕"，也和贾雨村一样，把"十五"分成三个五或者说五个三的和。

更一般地说：

把一个正整数 n 分成 k 个具有某些条件限制的整数之和的问题称为整数的分拆。分拆中的每一个加数称为分拆的项，分拆的总个数称为 n 分成 k 项的分拆数。当分拆中各项的数值相同但排列顺序不同的分拆只算一个时，称为无序分拆；算不同分拆时则称为有序分拆。例如 16 的四分拆 $16=1+3+5+7$ 与 $16=7+5+3+1$ 在无序分拆中只算一个，在有序分拆中则算两个。显然，$16=1+3+5+7$ 按有序分拆计算是 $4!$（$=24$）个。如无特别申明，本文中所说的分拆一般指无序分拆。

整数分拆是整数论或者组合论中的一个重要分支，解决这类问题常常涉及高深的数学方法。

不过下面的图 1 却提供了分拆的一个显而易见的结论：

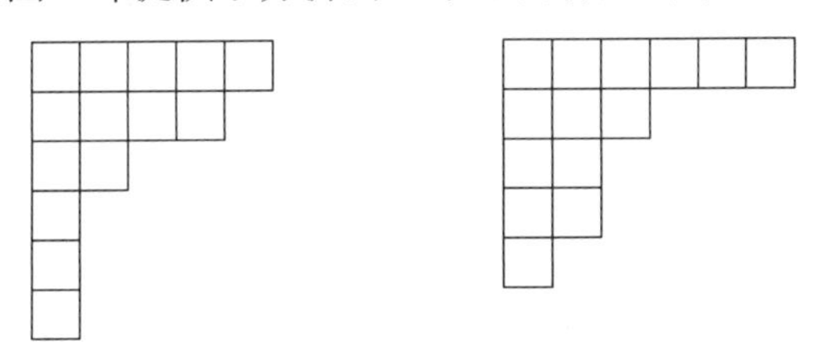

图 1

图 1 左边表示的是一个把 14 分成 6 项的分拆 $5+4+2+1+1+1$，分拆中最大的一项是 5；当我们将图 1 的左图翻转成右图时，则表示 14 的另一个分拆 $6+3+2+2+1$，分拆中最大项是 6。两种分拆之间显然有一一对应的关系，所以它们的个数相等。因此，我们有下面的定理：

定理 把正整数 n 分拆成 k 项的分拆数，等于把 n 分拆成最大项为 k 的分拆数；反过来也是对的。

例如当 $n=7$，$k=4$ 时，7 分成 4 项的分拆有 $4+1+1+1$，$3+2+1+1$，$2+2+2+1$ 三种。而把 7 分成最大项为 4 的分拆也是三种，即 $4+1+1+1$，$4+2+1$，$4+3$ 等三种。

在中小学数学中，我们常常用到整数分拆的技巧。例如在小学数学中做

加减法的时候，老师就常常教导学生，把某些加数进行适当的分拆，可以达到速算或巧算的目的。如

例 1 计算 1999＋1998＋997＋6

因为 6 可以拆成 1＋2＋3，再把 1，2，3 分别与算式中其他三个加数相结合，就达到了速算的目的。

$$原式=(1999+1)+(1998+2)+(997+3)$$
$$=2000+2000+1000=5000。$$

在初中学习因式分解的时候，也常常要通过观察，熟练地把一个整数分成两个整数的和与两个整数的积(十字相乘法)。如：

例 2 把 $6x^2+22x+20$ 因式分解。

因为，$6=2\times3$，$20=4\times5$，$22=3\times4+2\times5$，

所以，$6x^2+22x+20=(3x+5)(2x+4)$。

下面这个问题大概可以算得上一个“奥数”题了。

例 3 两位多年未见的数学家在一架飞机上相遇。李先生说：“老王，如果我没记错的话，你有三个儿子，他们现在都多大了？”王先生回答说：“我最小的儿子还没有进幼儿园，但巧得很，我们这次的航班次数是 1336，他们的年龄之和恰好是航班的前两个数字 13，年龄之积恰好是航班的后两个数字 36。”李先生笑着说：“哦，我知道三个孩子的年龄了。”

李先生是怎么知道王先生三个儿子的确切年龄的呢？实际上这就是一个涉及整数分拆的问题：

把 13 分成三个正整数 a，b，c 之和，满足条件 $a\leqslant b\leqslant c$，$abc=36$。

因为 $36=2^2 3^2$，所以 36 的不超过 13 的正因数只有 1，2，3，4，6，9，12 七种。这样 13 满足全部条件的分拆只有两个：

$$13=2+2+9(2\times2\times9=36)；13=1+6+6(1\times6\times6=36)$$

又因为王先生有一个最小的儿子 a，a 不可能等于 b，从而王先生三个儿子的年龄只能是：1 岁，6 岁，6 岁。

在文学作品中，也常常利用整数的分拆创作有趣的文学作品。

北宋著名的文学家苏轼，诗词书画样样都是高手，有一次，他画了一幅《百鸟归巢图》，广东一位名叫伦文叙的状元在他的画上题了一首诗：

归来一只又一只，三四五六七八只，
凤凰何少鸟何多，啄尽人间千石食。

画名既是“百鸟”，而题画诗中却不见“百”字的踪影。诗人开始好像只是在漫不经心地数鸟：一只、一只，三、四、五、六、七、八只，数到第八只，诗人再也不耐烦了，突然感慨横生，笔锋一转，大发了一通议论。辛辣地讽刺了官场之中廉洁奉公、洁身自好的“凤凰”太少，而贪污腐化的“害鸟”则太多，他们巧取豪夺，把老百姓赖以活命的千石、万石粮食攫为己有，使得民不聊生。

究竟苏轼的画中确有100只鸟，还是只有8只鸟呢？我们不妨先把题画诗中出现的数字仔细分析一下，便会发现，原来诗人是把100巧妙地分成了两个1，三个4，五个6和七个8之和：

$$1\times2+3\times4+5\times6+7\times8=100$$

用整数分拆的办法巧妙地表述了“百鸟图”中的“百”字，可谓匠心独运，妙趣横生。

现代歌剧《刘三姐》中有一段精彩的描写：刘三姐是一位年轻貌美的歌手，当地一位恶名昭著的土豪劣绅对她觊觎已久，求之不得便声称要与刘三姐摆擂对歌，他自知不是刘三姐的对手，便高价雇请了三个秀才来帮忙。这三个助桀为虐的家伙自恃有“学问”，在歌词中对刘三姐提出了许多刁钻古怪的问题，但都被刘三姐用动人的歌声巧妙地驳倒了。秀才们歌尽计穷，翻了半天书，才又神气活现地唱道：

小小麻雀莫逞能，三百条狗四下分。
三多一少要单数，看你怎样分得清？

刘三姐不假思索，立即回答：

九十九条打猎去，九十九条看羊来。
九十九条守门口，还剩三个狗奴才。

“三个狗奴才”暗指三个秀才，歌声唱出了刘三姐的机智和聪明，唱出了对秀才们的愤怒和蔑视。

但是值得指出的是，秀才们提出的问题“把300分成四个单数之和，有多少种不同的分法?”不是一个简单的问题。把300分成4个奇数之和的有序分拆有562475种，无序分拆有24875种。即使像刘三姐那样把“三多一少”理解为三个较大的奇数都相同，而且是无序分拆，分拆数也有12(因为$300\div4=75$，较大的奇数可能为77，79，…，99等12个)种之多。刘三姐只给出了一种分法，是答非所问的。如果那三个秀才中有人懂得数学的话，只要把歌词中的最后一句改成：“多少分法你说清”，刘三姐即使聪明，一时之间，也是难于应对的！

雪花飞舞说分形

红楼梦第四十九回说，李纨与姊妹们约定，明天赏雪作诗，宝玉高兴得一夜没好生得睡，天一亮就爬起来观察，生怕太阳把雪融了。

许多人都爱雪，富贵人家的公子哥儿们爱雪，文人墨客也爱雪，数学家也爱雪。文人们写过许多清新俊逸的咏雪诗，数学家也创造了美丽神奇的雪花曲线。

如果说文人喜爱雪花的品质，雪花给诗人以灵感，那么数学家则对雪花的形状情有独钟，它给数学家以丰富的联想，并给一门崭新的学科——混沌中的分形几何的诞生提供了奠基的素材。

什么是分形？粗略地说，就是一些杂乱无章、极不规则的形状，如云彩、山川、海岸等的曲线，都可以看成一种分形。分形是混沌的一个分支，如果说，混沌还过于抽象，难以理解和想象，那么，分形则是一些非常具体的混沌。所以有人说："分形是混沌的签名。"而分形几何则是分形中的代表。

精确的数学自然要给分形较为明确的界定。它把分形的主要特征，通过具有"分数维"和具有"自相似性"来刻划。那么什么叫作"分数维"和"自相似性"呢？

先谈维数。我们知道，在欧氏几何中，点是零维的，直线是一维的，平面是二维的，立体是三维的。换言之，确定直线上一个点的位置需要一个坐标，确定平面上一个点的位置需要两个坐标，确定空间中一个点的位置需要三个坐标。用坐标的个数来确定几何体的维数，维数总是整数。但是 1890 年，意大利数学家皮亚诺曾经指出：在一个正方形中，一个点连续移动，当点经过正方形内及边界上每一点时，这个点移动的轨迹最终填满了整个正方形，它应该是二维的。但另一方面，从曲线的角度看，作为平面上的一条曲线，它又应该是一维的。这就产生了矛盾。为了克服这个矛盾，有必要重新考虑“维”的意义。

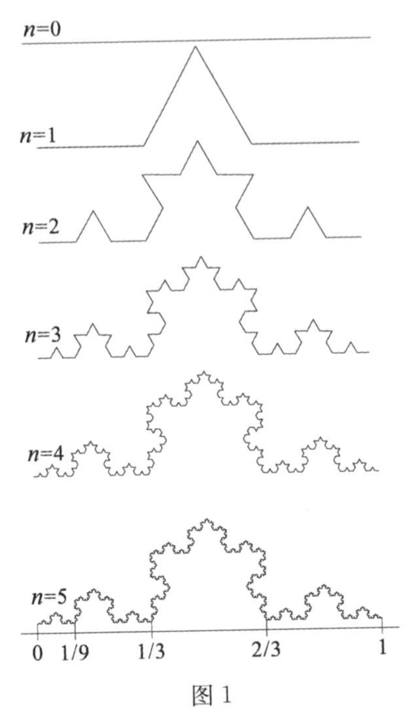

图 1

再谈“自相似性”。图 1 是瑞典数学家科赫发明的一种所谓“三分法科赫曲线”，这种曲线构成的方法是：取一条长度为 1 单位的线段，记为 $L(1)=1$，用 $n=0$ 标示。然后把这条线段分为三等份，以中间的一份为底边向上作正三角形，并去掉作底边的中间这一份，就成为图 1 中标示为 $n=1$ 的那条曲线，那是一条由 4 节长度为 $\frac{1}{3}$ 的线段连成的折线，曲线的总长度为 $L\left(\frac{1}{3}\right)=\frac{4}{3}$。按类似的方法把 $n=1$ 中的 4 节线段的每一节都分为三等份，以中间的一份为底边作正三角形，并去掉底边，便得到标示为 $n=2$ 的一条曲线。这条曲线由 $4^2=16$ 节长度为 $\left(\frac{1}{3}\right)^2=\frac{1}{9}$ 的线段组成，它的总长度是 $L\left(\frac{1}{3^2}\right)=\frac{16}{9}=\left(\frac{4}{3}\right)^2$，如此继续下去，便得到图 1 中的一系列曲线。每一曲

线中标示的数字 n 为曲线产生的阶段。很明显，第 n 阶段的曲线由 4^n 节长度为 $\left(\frac{1}{3}\right)^n$ 的线段组成，它的总长度为 $L\left(\frac{1}{3^n}\right)=\left(\frac{4}{3}\right)^n$。

科赫曲线的一个重要性质是它的“自相似性”：

任意从曲线中取一小段，将它放大以后，和曲线的整体形状是一样的。换句话说，曲线的任何一个部分都是整体的缩影。例如，在 $n=5$ 的曲线中，取曲线的 $\left(0,\ \frac{1}{3}\right)$ 那部分，并将它放大三倍，便变成整个曲线的形状。这个性质就称为曲线的自相似性。

利用自相似性，可以从一个新的角度来重新考虑“维”的意义。

如图 2，一条线段，把它分成 n 等份，就可得出 n^1 个与原来线段形状相同的小线段。线段是一维的。

一个正方形，将它的各边 n 等分，连接相应的分点可得到 n^2 个小正方形，每一个小正方形都与原来的正方形形状相同。正方形是二维的。

一个立方体，将它的各棱分成 n 等份，连接相应的分点可得到 n^3 个小立方体，每一个小立方体都与原来的立方体形状相同。立方体是三维的。

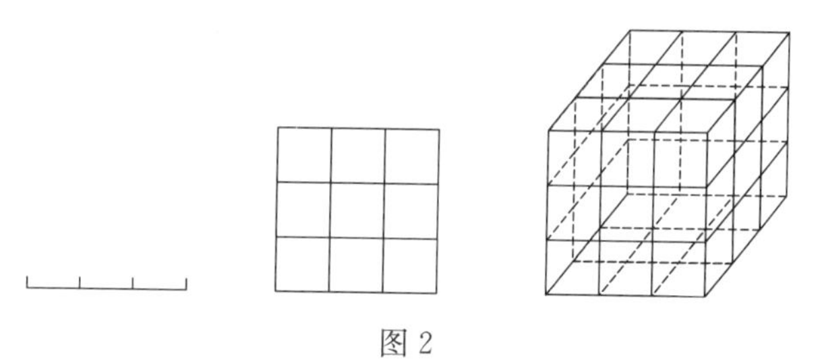

图 2

如果从这一角度来理解维的概念，我们可以把它推广：

如果把一个物体的边长分成 n 个相等的小线段，结果可得到与原物体形状相同的 m 个小物体。把 m 写成以 n 为底的指数形式：

$$m=n^d\left(\text{或者 } d=\frac{\lg m}{\lg n}\right) \quad ①$$

则指数 $d=\frac{\lg m}{\lg n}$ 称为这个物体的维数。

由于 d 不一定是整数，因此就会出现维数为分数的情况。以科赫的三分曲线为例，把它的边分成 3 等份后，产生了 4 个与原来曲线形状相同的小曲线，所以它的维数是 $d=\frac{\lg 4}{\lg 3}\approx1.26$。

维数是分数的几何图形叫作分形，研究分形的一个数学分支称为分形几何。20 世纪以来或更早一些，数学家们陆续创造出了不少分形，它们都成为后来发展分形几何的基础。分形几何本身则成为混沌科学的重要分支。

现在我们来介绍雪花曲线。它是最早创造的也是最有趣的几种简单分形之一。科赫是于 1904 年利用他发明的“三分法”创造出美丽的雪花曲线的。

将一个正三角形(图 3 中记为(1))的每一边三等分，然后以居中的那一段为底边向外作正三角形并且把底边去掉，便得到第一条雪花曲线(2)，它是一个六角形。再将六角形(2)的每一边三等分，又以中间的一段为底边向外作正三角形并把底边去掉，便得到第二条雪花曲线(3)。不断地重复上述操作，便得到如图 3 中的一个雪花曲线系列。

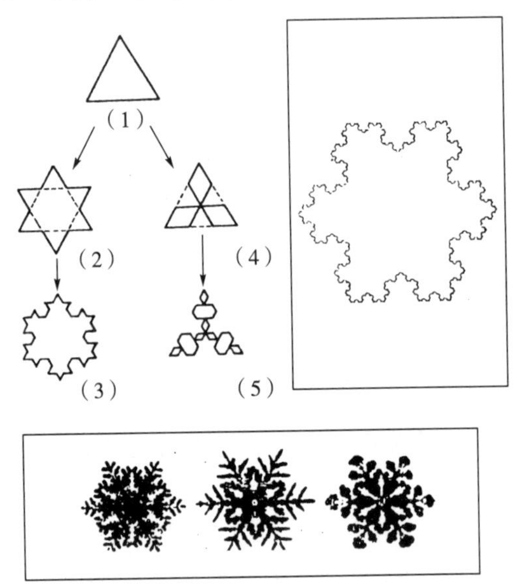

图 3

如果是向内作正三角形，则相应地得到图 3 的(4)，(5)…等所标示的另一系列的雪花曲线，称之为反雪花曲线。

让我们给出雪花曲线的周长和所围成的面积的计算公式：

设开始的正三角形面积为 A_0，周长为 L_0，第 n 条雪花曲线的长度为

L_n，围住的面积为 A_n，则显然有：

$$L_0=3,\ A_0=\frac{1}{2}\times1\times1\times\sin 60^\circ=\frac{1}{4}\sqrt{3}$$

$$L_1=\frac{4}{3}L_0,\ L_2=\frac{4}{3}L_1=\left(\frac{4}{3}\right)^2L_0,\ \cdots,\ L_n=\left(\frac{4}{3}\right)^nL_0$$

所以
$$L_n=\left(\frac{4}{3}\right)^nL_0=4\times\left(\frac{4}{3}\right)^{n-1}$$

先考虑在 A_0 一边上面面积的增加情况。

易知，在 A_0 的一边上加上 L_1 后，增加了一个小三角形，其面积为

$$S=\frac{1}{2}\times\frac{1}{3}\times\frac{1}{3}\times\sin 60^\circ=\frac{1}{36}\sqrt{3}$$

再加上 L_2 后，又增加了 4 个小三角形，其面积是$\frac{1}{3^2}\times4=\frac{4}{9}$，

$$A_1=A_0+\left(\frac{1}{9}\times3\right)A_0=A_0+\frac{1}{3}A_0$$

$$A_2=A_1+\left(\frac{1}{9^2}\times12\right)A_0=A_1+\left(\frac{4}{3}\right)\times\frac{1}{3^2}A_0$$

依次类推，扩张到 L_n 时，A_0 的一边上增加的面积为

$$T=S\left[1+\frac{4}{9}+\left(\frac{4}{9}\right)^2+\left(\frac{4}{9}\right)^3+\cdots\right]=\frac{9}{5}S=\frac{9}{5}\times\frac{1}{36}\sqrt{3}=\frac{1}{20}\sqrt{3}$$

将 T 乘以 3，再加上 A_0，即得 A_n 的面积为

$$A_n=3T+A_0=3\times\frac{1}{20}\sqrt{3}+\frac{1}{4}\sqrt{3}=\frac{2}{5}\sqrt{3}$$

可见，当 $n\to+\infty$时，L_n 是无限的，A_n 则是有限的。即一个面积有限的图形却有无限的周长。

一个笑话的数学联想

《红楼梦》第十九回着力描写林黛玉与贾宝玉“情切切良宵花解语，意绵绵静日玉生香”的意境，贾宝玉信口开河给林黛玉胡编了一个“典故”：那一年林子洞里的一群耗子精要熬腊八粥，老耗子命令众小耗子到山下去偷各种果品。果品有五样：一是红枣，二是栗子，三是落花生，四是菱角，五是香芋。奉命偷红枣、栗子、花生、菱角的四路耗子都出发了，只剩下偷香芋的耗子还没有派定。老耗子问：“谁去偷香芋?”只见一个极小极弱的小耗子应道：“我愿去偷香芋。”老耗子和众耗见他这样，恐他不谙练，又怯懦无力，便不同意他去。小耗子却说：“我虽年小身弱，却是法术无边，口齿伶俐，机谋深远，这一去，管比他们偷的还巧呢!”众耗子忙问：“怎么比他们巧呢?”小耗子道：“我不学他们直偷，我只摇身一变，也变成个香芋，滚在香芋堆里，叫人瞧不出来，却暗暗的搬运，渐渐的就搬运尽了，这不比直偷硬取的巧吗?”众耗子听了，都说：“妙却妙，只是不知怎么变? 你先变个我们瞧瞧。”小耗子听了，笑道：“这个不难，等我变来。”

贾宝玉虽然是信口开河，瞎编乱造，但是小耗子提出了一个重要的思想——“变”，特别是把一些微小的，不起眼的东西变成有重大能量的因素。“变”是数学解题中十分有用的思想，数学中把它称为转化。可以毫不夸张地说，转化能力的高低，是数学解题水平的集中表现。特别值得一提的是0和1，这两个数虽然微不足道，一个数学式子加一个0或乘一个1都不会发生改变，我们在解题时最容易忘记它的存在，察觉不到它的干扰或作用，常常卡在0或1这些不起眼的地方。但它们一经激活，就能发挥巨大作用，为其他数学元素转化提供方便，而相关数学元素一经转化，立即显示出巨大威力，使问题迅速解决。

例 1 大数学家莱布尼茨曾经断言：多项式 x^4+1 在实数范围内不能分解。10 多年之后，另一位数学家尼古拉·伯努利才指出这一断言是不正确的。因为只要在 x^4 和 1 之间加一个 0，就可以分解了：

$$x^4+1=x^4+0+1=x^4+2x^2-2x^2+1=(x^2+1)^2-2x^2$$
$$=(x^2+1+\sqrt{2}x)(x^2+1-\sqrt{2}x)$$

例 2 某年上海市的一场小学生数学竞赛中出了这样一道试题：

“有 6 个人都生于 4 月 11 日，都属猴，某年他们岁数的连乘积为 17597125。这年他们岁数之和是多少？”

分析 第一，6 个人既然都属猴，他们必然或者岁数相同，或者彼此相差 12 的倍数。即若有一人为 m 岁，其他的人岁数都必须是 $12k+m$。例如，如果其中有一个人是 13 岁，其余的人就绝对不可能是 15 岁，20 岁，…，只能是 13 岁，25 岁，37 岁等等。

第二，既然 17597125 是 6 个人的岁数连乘得到的，我们只要反其道而行之，把这个八位数分解成一些质数的乘积，然后把那些质数适当搭配，凑成 6 个彼此相差为 12 的倍数的一些数就可以了。因为

$$17597125=5\times5\times5\times7\times7\times13\times13\times17$$

所有的质因数中，13 比较引人瞩目，因为不难看出，上面这些质因数易于凑出形如 $12k+13$ 的数，如 $5\times5=25=12\times1+13$，$7\times7=49=12\times3+13$，…，因此不妨先假定有一个人是 13 岁，那么其余人的岁数都必须在下面这个数列中：

$$13，25，37，49，61，73，85，\cdots \quad ①$$

学生们发现，用 17597125 的所有质因数恰好可以凑成数列①中的 5 个彼此相差为 12 的倍数的数，它们是：

$$13，13，25，49，85$$

但有许多学生没有想到 1 也是 17597125 的因数，因此始终凑不出 6 个人，使他们的年龄彼此相差 12 的倍数。

想到了这一点，就不难得出所求的 6 个人的年龄分别是

$$1，13，13，25，49，85$$

他们年龄的和是1+13+13+25+49+85=186(岁)。

例3 今有男女各$2n$人参加舞会，所有的人围成内外两圈，每圈各$2n$人，有男有女。外圈的人面向内，内圈的人面向外。跳舞规则如下：每当音乐一起，如面对面者为一男一女，则男的邀请女的跳舞；如果都是男的或都是女的，则鼓掌助兴。曲终时，内圈的人不动，外圈的人顺时针方向旋转一个人的距离。如此继续下去，直至外圈的人旋转一周。证明：在整个跳舞过程中至少有一次起舞的人不少于n对。

分析 将男士对应1，女士对应−1，再作两个对面者的乘积，若两人异性，则其乘积为−1，若两人同性，则其乘积为+1，每次起舞前都有$2n$个乘积，起舞人数不少于n对的充要条件是$2n$个乘积之和小于或等于0，故得证法。

设代表内圈的$2n$个人的数依次为a_1，a_2，…，a_{2n}，代表与a_1对面的外圈人的数为b_i，代表与a_2对面的外圈人的数为b_{i+1}，…，如果起舞的人数少于n对，则必有

$$a_1b_i+a_2b_{i+1}+\cdots+a_{2n}b_{i-1}>0 \quad ①$$

如果所有$2n$次中起舞的人数都少于n对，则在①中，顺次令$i=1$，2，…，$2n$，求其总和：

$$\begin{aligned}&\sum_{i=1}^{2n}(a_1b_i+a_2b_{i+1}+\cdots+a_{2n}b_{i-1})\\&=(a_1+a_2+\cdots+a_{2n})(b_1+b_2+\cdots+b_{2n})>0\end{aligned} \quad ②$$

但另一方面，因为男士和女士人数相等，所以

$$(a_1+a_2+\cdots+a_{2n})+(b_1+b_2+\cdots+b_{2n})=0$$

$$(a_1+a_2+\cdots+a_{2n})=-(b_1+b_2+\cdots+b_{2n})>0$$

于是

$$\begin{aligned}&(a_1+a_2+\cdots+a_{2n})(b_1+b_2+\cdots+b_{2n})\\&=-(b_1+b_2+\cdots+b_{2n})(b_1+b_2+\cdots+b_{2n})\\&=-(b_1+b_2+\cdots+b_{2n})^2\leqslant 0\end{aligned} \quad ③$$

②式与③式矛盾。这个矛盾就证明了，至少有一次起舞的人数不少于n对。

例 4　在热带丛林中有一家医院里有甲、乙、丙三名保健医生。当地的酋长被怀疑得了一种极易传染的罕见传染病，三位大夫必须每人对他进行一次手术检查。麻烦的是，任何一位大夫在手术中都有可能被传染。做手术时每位大夫都必须戴上塑料手套。如果哪位大夫有这种病，病菌就会污染手套内侧。同样，如果酋长得了这种病，病菌就会污染手套的外侧。

临检查前，护士告诉医生们，只有两副消毒手套了。一副蓝色的和一副白色的。试问：三位医生在做检查时应该怎样戴手套，使他们自己或酋长都不至于蒙受感染传染病的风险？

医生们感到束手无策，然而护士却告诉了他们一个好办法。你知道是什么办法吗？

一副手套，里里外外，总共只有两层四面，外层两面，内层两面。当一层尚未被污染时，它的两面用两个 1 表示；已被污染后，则用两个 0 表示。因为每一个人都至少要接触到手套的一层。而两副手套只有四层，所以酋长和三位医生每人都至少要专用一层。在三次手术中，除了酋长可以自始至终都只接触到同一副手套（假定是白色）的外层外，其余三位医生不管怎样使用手套，都只能接触手套的内层，因此必须把另一副蓝色手套的外层翻转来当作内层使用，这只有把蓝色手套套进白色手套里才有可能，用两种括号分别表示两种颜色的手套，下面划线的两个数字表示内层。于是得使用手套的过程如下：

第一次手术前：$[1\ \underline{1}\ \underline{1}1]$；$(1\ \underline{1}\ \underline{1}1)\to$套进手套$[1\ \underline{1}(1\ \underline{1}\ \underline{1}1)\ \underline{1}1]$

第一次手术后：$[1\ \underline{1}(1\ \underline{1}\ \underline{1}1)\ \underline{1}1]\to[0\ \underline{1}(1\ \underline{0}\ \underline{0}1)\ \underline{1}0]$

第二次手术前：抽出内手套$(1\ \underline{0}\ \underline{0}\ 1)\to[0\ 1\ 1\ 0]$

第二次手术后：$[0\ \underline{1}\ \underline{1}0]\to[0\ \underline{0}\ \underline{0}\ 0]$

第三次手术前：翻转内手套$(1\ \underline{0}\ \underline{0}\ 1)\to(0\ \underline{1}\ \underline{1}\ 0)$

套进外手套$[0\ \underline{0}(0\ \underline{1}\ \underline{1}0)\underline{0}0]$

第三次手术后：$[0\ \underline{0}(0\ \underline{1}\ \underline{1}0)\underline{0}0]\to[0\ \underline{0}(0\ \underline{0}\ \underline{0}0)\underline{0}0]$

从中轴线谈对称

《红楼梦》第三回中写道："忽见街北蹲着两个大石狮子，三间兽头大门……，正门却不开，只有东西两角门有人出入。正门之上有一匾，匾上大书'敕造宁国府'五个大字。"第五十三回则又写道："宁国府从大门、仪门、大厅、暖阁、内厅、内三门、内仪门并内塞门，直到正堂，一路正门大开，……"这"一路"应该是宁国府的中轴线。

北京一般的四合院大都不在中轴线上开门，因为级别不够。只有官署和王府可以在中轴线上开门。宁、荣二府的正门当然是开在中轴线上的。我国传统建筑文化讲究中轴线，一般以中轴线为主线，在中轴线两边展开建筑群落的布局。建筑群落常以其中轴线成对称。

在人们心目中，对于对称的事物往往情有独钟。在古代"对称"一词的含义是"和谐""美观"。译自希腊语的这个词，原义是"在一些物品的布置时出现的般配与和谐"。

在自然界中许多美丽的东西如枫叶、雪花、蝴蝶等等，它们都是对称的组合。

图 1　自然界中的对称

古往今来，艺术家们都十分重视对称，如许多建筑设计的艺术造型都具有对称性，我国人民喜闻乐见的京剧脸谱就多是对称的，举世闻名的敦煌壁画中的边饰也有许多对称图案。

图 2　京剧脸谱

图 3　敦煌壁画边饰

世界上许多著名的建筑物多具有对称的结构。

图 4　古希腊帕提侬神庙

图 5　圣彼得堡塔夫利宫铁门

对称更是数学中的一个重要概念。

在数学中，对称是指两个东西相对而又相称，你把这两个东西调换一下，其结果就好像没有动过的一样。数学中的对称有两个意义，一个是几何意义中的图象对称，另一个是逻辑上的结构对称，即在一个整体中包含有可以互相调换而不改变原来的结构的部分。对称思想是数学中一种重要的思想。我们在中学数学接触到的对称有几何对称与代数对称。

1. 几何图形的对称

如图 6，点 A 和点 A' 满足条件：$AA' \perp l$ 于 O 点，且 $AO=OA'$，则称点 A 和点 A' 关于直线 l 对称，或者说点 A 和点 A' 以 l 为对称轴。

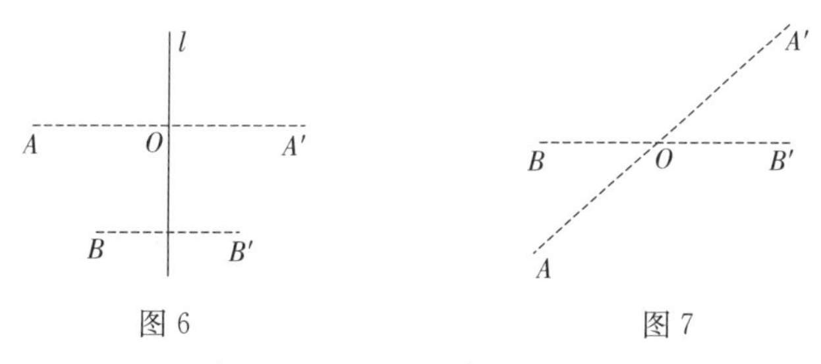

图 6　　　图 7

如图 7，点 A 和点 A' 满足关系：AA' 过 O 点，并且 $AO=OA'$，则称 A 与 A' 关于点 O 中心对称，或者说 O 为 A 与 A' 的对称中心。

如果一个平面图形沿一条直线折叠，直线两旁的部分能够互相重合，这个图形就叫作轴对称图形，这条直线称为它的对称轴(图 6)。

把两个对称图形看成一个整体，它就是一个轴对称图形，把一个轴对称图形沿对称轴分成两个图形，则说这两个图形关于这条轴对称。

古希腊有一位精通数学和物理的学者名叫海伦，中学数学中有一个求三角形面积的海伦公式，就是以他的名字命名的。据说，有一天一位将军特地来拜访他，向他请教一个百思不得其解的问题：

如图 8，将军经常要从军营 B 出发，先到河边 C 处让马饮水，然后再去河岸同侧的 A 地开会。应该选择什么路线才能使走的路程最短。

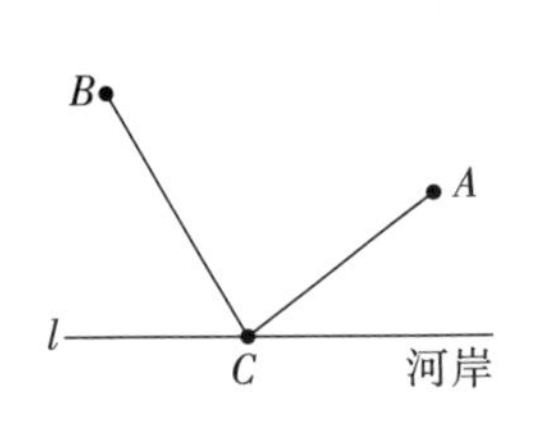

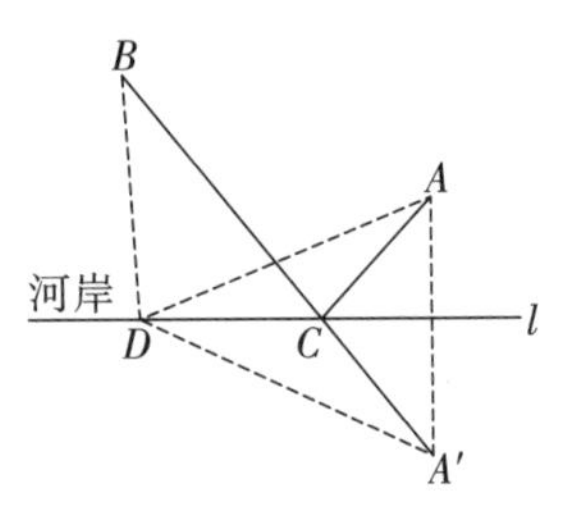

图 8

海伦略加思索后，就运用他的数学和光学知识圆满地解决了这个问题，取 A 点关于河岸 l 的对称点 A'，在 A' 与 B 之间连一条直线，与 l 相交于 C 点，则 C 点就是所求的饮马点。

因为如果在河边 C 以外的任何一点 D 饮马的话，所走的路程是 $AD+DB=A'D+DB\geqslant A'B=A'C+CB=AC+CB$。

可见，将军在 C 点以外的任何一点饮马，所走的路程都要比 $AC+CB$ 远一些。这个问题就被称为“将军饮马”问题而流传到今天。

我们再看一个利用对称思想解几何题的例子：

证明：三角形三内角的平分线的连乘积小于三边的连乘积。

分析 要证 $t_a t_b t_c<abc$，无论对 a，b，c 来说，还是对 t_a，t_b，t_c 来说，其地位都是对称的，因而可以设想在推证时出现的一些中间过程也可能是对称的，今要证 $t_a t_b t_c<abc$，一般不可能有 $t_a<a$，$t_b<b$，$t_c<c$ 同时成立，故可试探是否有 $t_a^2<bc$，$t_b^2<ac$，$t_c^2<ab$ 之类对称的不等式，因 ab，ac，bc 可以看作面积，故可从面积出发研究。

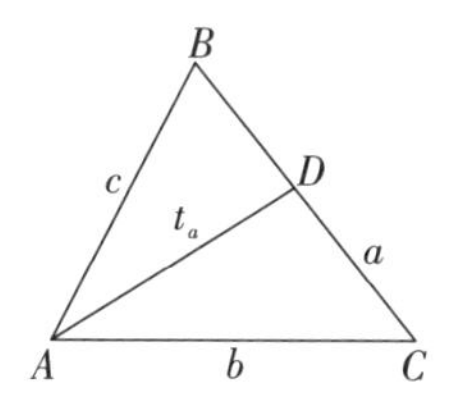

$\because S_{\triangle ABC}=S_{\triangle ABD}+S_{\triangle ADC}$，

即$\frac{1}{2}bc\sin A=\frac{1}{2}t_a\cdot c\sin\frac{A}{2}+\frac{1}{2}t_a\cdot b\sin\frac{A}{2}$，

$\therefore bc\cos\frac{A}{2}=\frac{1}{2}t_a(b+c)$，

$\therefore t_a=\frac{2bc}{b+c}\cos\frac{A}{2}<\frac{2bc}{b+c}\leqslant\frac{2bc}{2\sqrt{bc}}=\sqrt{bc}$。

同理，$t_b<\sqrt{ac}$，$t_c<\sqrt{ab}$，

所以，$t_at_bt_c<\sqrt{bc}\sqrt{ac}\sqrt{ab}=abc$。

2. 初等代数对称多项式

设 n 为一正整数，并设 a_0，a_1，…，a_n 都是复数，且 $a_0\neq0$，则根据代数基本定理，一元 n 次方程

$$a_0x^n+a_1x^{n-1}+\cdots+a_n=0 \quad ①$$

有 n 个复数根 x_1，x_2，…，x_n。根据韦达定理，①的 n 个根满足关系式：

$$x_1+x_2+\cdots+x_n=-\frac{a_1}{a_0}$$

$$x_1x_2+\cdots+x_1x_n+x_2x_3+\cdots+x_2x_n+\cdots+x_{n-1}x_n=\frac{a_2}{a_0} \quad ②$$

$$\cdots$$

$$x_1x_2\cdots x_n=(-1)^n\frac{a_n}{a_0}$$

②称为①的初等对称多项式。可以证明，凡是 x_1，x_2，…，x_n 的对称多项式都可以用这 n 个初等对称多项式表示出来。

作为例题，我们看“牛顿多项式”定理。

设 k 为正整数，s_k 表示 x_1，x_2，…，x_n 的 k 次幂之和，称为牛顿多项

式。证明：

$$s_k=x_1^k+x_2^k+\cdots+x_n^k(k\geqslant 1\text{ 为整数}) \quad ③$$

都可以用②中的初等对称多项式表示出来。

利用数学归纳法原理不难证明本命题。先看 $n=2$ 的情形：

$$x^2+bx+c=(x-x_1)(x-x_2),$$

我们已有 $$s_1=x_1+x_2=-b,\ x_1x_2=c,$$

因为 $$x_1^2+bx_1+c=0,\ x_2^2+bx_2+c=0,$$

相加，得 $$s_2+bs_1+2c=0,$$

或 $$s_2=-bs_1-2c=b^2-2c。$$

因为 $$x_1^3+bx_1^2+cx_1=0,\ x_2^3+bx_2^2+cx_2=0,$$

相加，得： $$s_3+bs_2+cs_1=0,$$

或 $$s_3=-bs_2-cs_1=-b^3+3bc,$$

同样 $$s_4+bs_3+cs_2=0,$$

或 $$s_4=b^4-4b^2c+2c^2,$$

$$s_5+bs_4+cs_3=0,$$

或 $$s_5=-b^5+5b^3c-5bc^2。$$

对于任意 n 的情形，我们也可以同样进行。

治疗嫉妒的药方

《红楼梦》第八十回写天齐庙的王道士向贾宝玉吹嘘他的万灵膏药："……若问我的膏药，说来话长，其中细理，一言难尽。共药一百二十味，君臣相际，宾客得宜，温凉兼用，贵贱殊方。内则调元补气，开胃口，养荣卫，宁神安志，去寒去暑，化食化痰；外则和血脉，舒筋络，去死肌，生新肉，去风散毒。其效如神，贴过的便知。"宝玉便问他："……可有贴女人的妒病方子没有?"于是，王道士便给他开了一种汤药，名为"疗妒汤"：用极好的秋梨一个，二钱冰糖，一钱陈皮，水三碗，梨熟为度，每日清早吃这么一个梨，吃来吃去就好了。宝玉道："这也不值什么，只怕未必见效。"王一贴道："一剂不效吃十剂，今日不效明日再吃，今年不效明年再吃。……吃过一百岁，人横竖是要死的，死了还妒什么！那时就见效了。"

王道士的胡诌固然是一些骗人的鬼话，但是他的汤药灵还是不灵，却是无法证实，也是无法证伪的。他的药方肯定治不了病，所以永远无法证实；你吃了 10 年药还未见效，也不能说他不灵，也许药力的功效还未到，需要再吃几年就见效了，即使吃到死，也不能说服药的时间够了，反正人一死也就不存在嫉妒了。因此也不能对他的汤药是无效的作出证伪。

我们会经常碰到一些既无法证实也无法证伪的问题。也许有人认为，"王道士的疗妒汤"之类的命题并不是科学的命题，所以才出现这种既不能证实也不能证伪的情况。但是，偏偏就有那么一些问题，它既不能被证实，又不能被证伪，但又不能说它不是科学问题。例如，"物质是无限可分的，不存在不可分的基本粒子"。你能说这不是一个科学的命题吗？但它是既不能被证实，也不能被证伪的。为什么呢？你把目前已发现的基本粒子再分割一亿次，也仍然是有限的，并不能证实这个命题。反之，即使100万年内都不能把某一类基本粒子再分割成更基本的粒子，说不定哪一年又有人把它分割了呢？所以，也不能推翻这个命题。

像这种既不能被证实，又不能被证伪的，但却是科学的命题在数学中却俯拾即是。例如，关于π有很多神奇的故事。有人说过，在π的无穷小数中可以找到任意的数列。当然这个结论并未得到证明，但是很多数学家认为它是真的。据袁亚湘院士介绍，它试过输入国庆纪念日19491001，果然出现在小数点后82267377位。

如果我们提出一个命题：

在π的无限小数中，有1000个连续的5。

这是一个科学的命题，但却既无法证实，也无法证伪。已经有人计算到了π的小数点后面一亿位，虽然并没有出现1000个连续的5，但我们并不能推翻这一命题，十亿位以后如何呢？一百亿位后又如何呢？反过来，到目前为止，我们也不能用推理的方法证明：在π中确有1000个连续的5，因而也就无法证实这一命题。

数学家哥德尔在1931年发表了一条定理，使许多数学家和哲学家都感到震惊。哥德尔定理说：

在包含了自然数的任一形式系统中（当然要假定系统是协调的），一定有这样的命题，它是真的，但不能被证明。

哥德尔定理表明了一个事实，“真”与“可证”是两回事。

例如，著名的哥德巴赫猜想：“任何一个大于等于6的偶数都可以表示为两个奇素数之和”，是一个至今既未能证实也未能证伪的问题。对于这个命题，从道理上讲，我们可以从6开始，对偶数一个一个地验算下去，如果一旦出现了一个偶数不能表示为两个素数之和，就证明了这个命题是错的。但如果命题是真的呢？难道就永远一个一个地验算下去吗？于是我们希望证明它，即能找到一个共同的理由，对所有大于6的偶数n，都能找到两个素数p，q，使$n=p+q$。但凭什么无穷多件事实该有一个共同的理由呢？很可能有无穷多种理由要分别指出，而不存在一个有限的统一证明。是不是我们的公理系统不够完备，忽略了自然数的某些性质，因而使某些真命题证不出来呢？不是的。即使再添上一百条公理，仍有证不出来的真命题。因为哥德尔定理肯定了：任何一个包含了自然数的形式系统，都有证不出来的真命题。添上公理之后，它仍然是包含了自然数的形式系统，当然仍有证明不了的真命题。

关于证实与证伪的问题，还与演绎推理和归纳推理有些关系，我们谈谈归纳证明与演绎证明的问题。在数学王国里，归纳推理虽然有很大的作用，但最终不能作为数学的证明，在数学中只承认演绎的证明。然而演绎推理与归纳推理是相辅相成，互相支持的。初等几何本来是演绎法开基立业的领域，但是当初几何王国的建立，就离不开归纳的功劳。演绎法有两根支柱，一是公理的真理性，二是逻辑的有效性。几何公理与形式逻辑都是不能用演绎法证明的，它是人类经验的结晶，是归纳的结果。

另一方面，在数学证明中，我们常常在演绎法的支持下使用归纳法来给出合适的证明。例如我们要证明

$$x^3-1=(x-1)(x^2+x+1) \quad ①$$

是一个恒等式。所谓恒等式，要求 x 取所有数值时两边都相等，难道我们真的要对所有数值进行检验去证明结论吗？其实我们只要验证了四个 x 的值，就能断定它是一个恒等式。

当 $x=0$ 时，①式左边 $=0-1=-1$；①式右边 $=(0-1)(0+0+1)=-1$，①式左右两边是相等的。

当 $x=1$ 时，①式左边 $=1^3-1=0$；①式右边 $=(1-1)(1^2+1+1)=0$，①式左右两边是相等的。

当 $x=2$ 时，①式左边 $=2^3-1=7$；①式右边 $=(2-1)(2^2+2+1)=7$，①式左右两边是相等的。

当 $x=3$ 时，①式左边 $=3^3-1=26$；①式右边 $=(3-1)(3^2+3+1)=26$，①式左右两边是相等的。

有了这四个例子，我们就证明了①式是一个恒等式。理由是：如果①不是恒等式，它一定是一个三次或低于三次的方程，方程①最多能有三个实根。现在 $x=0$，1，2，3 都是① 的“根”，说明它不是方程而是恒等式。

又例如，我们要证明：对于任意的正整数 n，2^n+1 不能被 7 整除。

我们取前几个 n 来检验一下：

当 $n=0$ 时，$2^n+1=2^0+1=2$，2 不能被 7 整除；

当 $n=1$ 时，$2^n+1=2^1+1=3$，3 不能被 7 整除；

当 $n=2$ 时，$2^n+1=2^2+1=5$，5 不能被 7 整除。

上面检验了 n 的三个值，2^n+1 不能被 7 整除，我们能就此断言，对于任意的正整数 n，2^n+1 都不能被 7 整除吗？实际上，通过这三个数的检验，我们已经证明了对于任意的正整数 n，2^n+1 都不能被 7 整除。理由是：

设 $n=3m+k$，$k=0$，1，2，则

$$\begin{aligned}2^n+1&=2^{3m+k}+1=(2^3)^m\cdot 2^k+1=8^m\cdot 2^k+1=(7+1)^m\cdot 2^k+1\\&=(7^m+7^{m-1}+7^{m-2}+\cdots+7+1)\cdot 2^k+1\\&=7A+2^k+1\text{(其中 }A\text{ 为正整数)}\end{aligned}\qquad ②$$

由②式知，2^n+1 都不能被 7 整除，与 $2^k+1(k=0,1,2)$ 能不能被 7 整除是等价的，即 2^n+1 被 7 整除 $\Leftrightarrow 2^k+1(k=0,1,2)$ 被 7 整除，既然我们检验了 $k=0$，1，2 时，2^k+1 不能被 7 整除，也就证明了 2^n+1 不能被 7 整除。

在这类具体问题上，演绎推理支持了归纳推理。我们用数学上承认的演绎法证明了归纳法的有效性。归纳法的效力，能不能发挥更大的作用呢？传统的看法是否定的。但是，20 世纪 80 年代以来，中国数学家的工作在这个问题上揭开了新的一页。

我国数学家吴文俊教授在 1977 年发表他的初等几何机器证明新方法之后，在电子计算机上证明初等几何定理才成为现实。用吴氏方法在计算机上证明了 600 多条不平凡的几何定理，其中包括一些新发现的定理。

吴氏方法的基本思想是：先把几何问题化为代数问题，再把代数问题化为代数恒等式的检验问题。代数恒等式的检验是机械的，问题的转化过程也是机械的，整个问题也就机械化了。

吴氏方法鼓舞了这个方向的研究。在吴氏方法的基础上，我国数学家洪加威于 1986 年发表了他的引起广泛兴趣的结果：对于相当广泛的一类几何命题，只要检验一个实例便能确定这条命题是不是成立。特例的检验，竟然

能代替演绎推理的证明了。不过洪加威要的那一个例子，不是随手拈来的，它要满足一定的条件，才足以具有一般的代表性。对于非平凡的几何命题，为了找到这个例子往往涉及大得惊人的数值计算。

在吴氏方法的基础上，张景中、杨路提出了另一种举例证明几何定理的更好方法。按照这种方法，为了判定一个(等式型)初等几何命题的真假，只须检验若干普通的实例，例子的数目与分布方式可以根据命题的复杂程度用机械的方法确定。用举例的方法证明初等几何的命题开辟了新的纪元。

大衍之数

《红楼梦》前八十回对神巫占筮之类的事情似乎没有多大兴趣，虽然在第四回提到了葫芦庙出身的门子建议贾雨村用“扶乩请仙”的办法敷衍众人，了结薛、冯两家的命案，但以后就基本没有这类活动了。而后四十回则不然，似乎对占筮活动情有独钟，多处写到了这类活动。如第九十五回写邢岫烟请妙玉“扶乩”。第一〇一回写凤姐到散花寺求签。第一〇二回又写到贾蓉因母病，怀疑他母亲是在大观园中遇了鬼，便请一位毛半仙来“占卦占卦”，那毛半仙并非佛道中人，不过是一个混饭吃的江湖术士。他虽然口称是用《周易》占卦，占到了“未济卦”。但他并没用古人“揲蓍成卦”的办法求得此卦，而是用摇铜钱的简单办法成卦的。

用周易占筮，首先要按规定的程序得到一个卦，然后再根据那个卦的卦爻辞来判断所问事情的吉凶。得到一个卦的方法是人为规定的，可以因人因地而异。至于传统的正规程序则是古人“揲蓍成卦”的方法，那竟然是一个逻辑严密的算法程序。揲蓍成卦具体做法是怎样的呢？最早的也是最权威的记载见于《周易·系辞上传》：

大衍之数五十，其用四十有九。分而为二以象两，挂一以象三，揲之以四以象四时，归奇于扐以象闰，五岁再闰，故再扐而后挂……是故四营而成易，十有八变而成卦，八卦而小成。

这段话说明揲蓍成卦的程序，其具体操作方法是：

(1)准备 50 根蓍草，先取掉一根，这一根象征太一即太极，实际使用的只有 49 根(大衍之数五十，其用四十有九)。

(2)将 49 根蓍草任意地分成两部分，分别握在左、右手中，象征天地两仪。这一步称为“分二”(分而为二以象两)。

(3)左手象征天，右手象征地，从右手中抽出一根放在一边，象征“人”，与原来的两仪共同象征“天、地、人”三才。这一步称为“挂一”(挂一以象三)。

(4)将左手中蓍草四根四根一数，象征“四时”，称为“揲四”(揲之以四以象四时)。把最后剩下的零头(1 根、2 根、3 根、4 根)夹在中指与无名指之间，叫作“归奇于扐”，象征“闰年”(归奇于扐以象闰)。

(5)对右手中蓍草(已抽去一根)，按照左手的办法四根四根一数，将最后剩下的零头(1 根、2 根、3 根、4 根)夹在中指与食指之间，即“归奇于扐”。

(6)两手中“归奇于扐”的蓍草合起来不是 4 根(这种情况称为“少”)就是 8 根(这种情况称为“多”)，加上原来从右手中取出的一根，合起来不是 9 根就是 5 根(一挂二扐)。弃掉这 9 根或 5 根蓍草，剩下 44 根或 40 根蓍草。这叫作“第一变”。

(7)对剩下的 44 根或 40 根蓍草重复(2)～(6)所述的做法，“一挂二扐”的蓍草数合起来必为 8 根(多)或 4 根(少)，弃掉这 8 根或 4 根，剩下的蓍草数必为 40 根、36 根或 32 根，称为“第二变”。

(8)再对第二变后剩下的蓍草重复(2)～(6)的做法，“一挂二扐”的蓍草数合起来必为 8 根(多)或 4 根(少)，将这 8 根或 4 根蓍草弃去，最后剩下的蓍草必为 36 根、32 根、28 根或 24 根四种情况之一。这叫“第三变”。

(9)将第三变后所得之数(必为 36，32，28，24 四者之一)分别用 4 除之，商数必为 9，8，7，6 四数之中的一个数。根据商数的奇偶即可以确定一个爻。商数为 7 的称为“少阳”，得到阳爻；商数为 8 的称为“少阴”，得到阴爻；商数是 9 的称为“老阳”，取阳爻，但也可以变为阴爻；商数是 6 的称为“老阴”，取阴爻，但也可变为阳爻。这就叫“四营(分二、挂一、揲四、归奇)成一变”，“三变成一爻”。现将三变过程及所得爻性列表如下：

三变后所剩蓍草数	24	28	32	36
用 4 除所得的商数	6	7	8	9
归奇于扐的过程	三多	两多一少	两少一多	三少
名称	老阴	少阳	少阴	老阳
所得爻性	阴(可变)	阳	阴	阳(可变)
记号	□	—	--	×

同样再做五次，即可得到另外的 5 个爻，按先下后上的顺序排列起来，便得到一个卦。总共经过了 $3\times6=18$ 次操作，所以叫作“十有八变而成卦”。

上述筮法有两大特点：一是程序的机械性；二是结果的确定性，这两点正是中国古代数学的最大特色。

古人在制定揲蓍成卦的这套程序时，涉及许多数学原理，诸如组合论、概率论、整数论等方面的知识。

占筮的具体办法虽然可以人为地、主观地规定，但这种规定必须服从一些不言而喻、约定俗成的道理。因为揲蓍成卦的最终目的是要得一个卦，卦是由爻的阴阳分布决定的，爻的阴阳则由(筮)数的奇偶决定。因此，不管选择什么方法，如果是通过筮数来得卦(数占)的话，占筮最后所得筮数，应当满足下述要求：

1. 随机性原理

占筮的结果出现什么筮数应该是随机的，所谓“阴阳不测之谓神”。为了保证筮数的随机性，在三变中，每一变都有一个“分二”的程序，这一程序本身是随机的，非人力所能控制。最后出现哪一个筮数显然是随机的，系辞筮法满足随机性原理是没有问题的。

2. 等概率原理

无论采用何种筮法，奇数或偶数(阳爻与阴爻)出现的概率应该相等，才合乎事理与人情，才能体现祸福相因，吉凶互见的结果。

我们试着来计算阴阳爻出现的概率。如果我们在计算阴阳爻出现的概率时，不排除“分而为二”的一步中出现一个手中的蓍草数为 0 的极端情况，那么计算筮数 9，8，7，6 出现的概率十分简单，直接得出它们分别是$\frac{3}{16}$，$\frac{7}{16}$，$\frac{5}{16}$，$\frac{1}{16}$。因此出现阳爻的概率(即出现 9 和 7 的概率)$=\frac{3}{16}+\frac{5}{16}=\frac{8}{16}=\frac{1}{2}$；出现阴爻的概率(即出现 8 和 6 的概率)$=\frac{7}{16}+\frac{1}{16}=\frac{8}{16}=\frac{1}{2}$。可见出现阴阳爻的概率是相等的。

3. 保变爻原理

如果只是为了满足随机性和等概率性，那么只用两个筮数就可以了，一奇一偶，奇数为阳，偶数为阴。为什么还要选取四个筮数呢？筮人为了满足求筮者趋吉避凶的心理，也要为自己的预言留有变通的余地，就要求有一些可变的爻，并要求出现变爻的概率有一个适当的幅度。筮法规定了老阴之数(6)与老阳之数(9)为可变之爻，就留下了变通的余地。如果只用一奇一偶两个筮数，则无法达到这一目的。

由于老阴(6)和老阳(9)为变爻，三变得一爻时出现变爻的概率为

$P(\text{变})=P(9)+P(6)=\frac{3}{16}+\frac{1}{16}=\frac{1}{4}$；$P(\text{不变})=1-\frac{1}{4}=\frac{3}{4}$。

所以，根据伯努利公式在“十有八变”之后，出现变爻的概率为：

出现“0 爻变”的概率为 $P(0)=C_6^0\left(\frac{1}{4}\right)^0\left(\frac{3}{4}\right)^6\approx0.1780$；

出现“1 爻变”的概率为 $P(1)=C_6^1\left(\frac{1}{4}\right)^1\left(\frac{3}{4}\right)^5\approx0.3560$；

出现“2 爻变”的概率为 $P(2)=C_6^2\left(\frac{1}{4}\right)^2\left(\frac{3}{4}\right)^4\approx0.2966$；

出现“3 爻变”的概率为 $P(3)=C_6^3\left(\frac{1}{4}\right)^3\left(\frac{3}{4}\right)^3\approx0.1318$；

出现“4 爻变”的概率为 $P(4)=C_6^4\left(\frac{1}{4}\right)^4\left(\frac{3}{4}\right)^2\approx0.0330$；

出现“5 爻变”的概率为 $P(5)=C_6^5\left(\frac{1}{4}\right)^5\left(\frac{3}{4}\right)^1\approx0.0044$；

出现“6 爻变”的概率为 $P(6)=C_6^6\left(\frac{1}{4}\right)^6\left(\frac{3}{4}\right)^0\approx0.0002$；

由此可见：在每一次揲蓍成卦时，出现变爻数的数学期望为

$E=0\times0.1780+1\times0.3560+2\times0.2966+3\times0.1318+4\times0.0330+5\times0.0044+6\times0.0002=1.4998$。

至少出现一个变爻的概率为

$P=0.3560+0.2966+0.1318+0.0330+0.0044+0.0002=0.8220$。

上式说明，揲蓍成卦时大约有 80%的机会出现变爻。

4. 最小数原理

占筮时为了操作的方便和道具的简单，在能保证满足上述三原理的条件下，所用的蓍草数要求最少。因为三变中最多能去掉(9＋8＋8＝)25 根蓍草，最少要剩下 24 根，因此蓍草数至少要(25＋24＝)49 根。这就是“其用四十有九”的道理。

游戏与娱乐

打结不易，解结亦难

《红楼梦》里多次对打结有比较详尽的叙述。

第三十五回宝玉要求莺儿替他打几根络子，络子也就是一种绳结。莺儿对结子的用途、品种、花样、色彩等都有所评论：结子的种类有扇子、香坠儿、汗巾子。花样则有一炷香、朝天凳、象眼块、方胜、连环、梅花、柳叶等，还有一种“攒心梅花”。关于色彩的配合也很有讲究，大红配石青，松花配桃红。宝玉则主张“要雅淡之中带些姣艳”。宝钗更建议打个络子把宝玉的玉络上，她的设计是：“若用杂色断然使不得，大红又犯了色，黄的又不起眼，黑的又过暗。等我想法儿：把那金线拿来，配着黑珠儿线，一根一根的拈上，打成络子，这才好看。”

第六十四回也有一个袭人编绳结的情节。一天宝玉回至怡红院中不见袭人，便问众人：“你袭人姐姐呢？”晴雯道：“袭人么，越发道学了，独自个在屋里面壁呢……”宝玉听说，一面笑，一面走至里间。只见袭人坐在近窗床上，手中拿着一根灰色绦子，正在那里打结子呢，见宝玉进来，连忙站起来，笑道：“晴雯这东西编派我什么呢。我因要赶着打完了这结子，没工夫和他们瞎闹，因哄他们道：‘你们顽去罢，趁着二爷不在家，我要在这里静坐一坐，养一养神。’他就编派了我这些混话，什么‘面壁了’‘参禅了’的，等一会我不撕他那嘴。”宝玉笑着挨近袭人坐下，瞧他打结子。

人类自从有了绳子，也就学会了打结。打结不仅用在生产、生活、艺术的各个方面，古人还曾用它来代替文字记事。《周易》中就有“上古结绳而治，后世圣人易之以书契”的说法。书者画也，契者刻也。古人在用竹简、龟甲刻画符号或图形来记事之前，是依靠结绳来记事的。因此在我国的古籍中也有不少关于绳结的记载。例如《吕氏春秋·君守》中就载有一个《宋人解闭》的故事，这里的"闭"是指两头连在一起的纽结。

鲁国有一个老百姓献给宋元王两个绳结。宋元王向全国发布命令，希望聪明人来解开这两个绳结。来的人络绎不绝，可是没有一个人能解开。倪说的弟子要求去解，结果解开了一个，却无法解开另一个。这个弟子断言说："并不是这个绳结可以解开而我不会解，而是它本来就是解不开的。"于是宋元王便派人去问那个鲁国人，那人回答说："的确是这样的。有个绳结本来就解不开。我是亲手编制出来的，因而知道它解不开。倪说的弟子没有参与编制，却同样知道它是不可解的。可见他的智慧超过了我。"像倪说的弟子这样的人，能用"无解"作为答案，解答了那本来就不可解的问题。

人们常常把事物有了矛盾叫作有了疙瘩(结)，处理矛盾就叫作解疙瘩。《宋人解闭》的故事告诉我们，有些疙瘩可以解开，有些疙瘩却不能解开。例如《红楼梦》里许许多多的人事纠纷，几乎都是解不开的结。

当某一问题被提出的时候，如果认为就是要去求解，那就大错特错了。有的问题是没有解的，这时我们的任务是要去证明它无解。人们认识这一道理经过了漫长的岁月，例如古希腊著名的几何三大难题，在限于尺规作图的条件下是无解的，但人们认识它却经过了两千多年。当然有解或无解是相对的。在一定的条件下无解，在条件改变的时候却可能有解；在较小的范围内无解，在较大的范围内却可能有解。三大难题的无解，是因为作图时只准使用圆规与(没有刻度的)直尺；方程 $5x=3$ 在整数范围内无解，在有理数范围内却有解。绳子结成的疙瘩无解，是因为绳子的两头被捻合在一起了。《宋人解闭》这篇寓言，可以说是最早用数学方法证明了：在一定的条件下，有些问题是可解的，有些问题是不可解的。

用绳子打成的绳结，如果绳子的两头没有连在一起，解结时又允许把绳头来回穿插，那是没有解不开的疙瘩的。因为只要按原来打结的顺序反过来进行操作，就一定可以解开。所以，不能解开的绳结一定是绳子的两头在远处捻合在一起的，这样的结称为纽结。

纽结与数学有极为密切的关系，20 世纪以来纽结理论发展成为拓扑学中一个引人入胜的分支，在数学中的重要性日渐上升。例如目前生物学家和数学家正在一起寻求遗传基因 DNA 复制的机理，而 DNA 是以绞着打结的形式存在着的。一个必须要做的事就是要先把这些“结”解开。数学家们正在试图用纽结理论，以及组合论、概率论等数学工具，寻求解开这些“纽结”的方法。

例如图 1 和图 2 是两个不同的绳结，图 1 称为锁结，图 2 称为八字结。如果允许绳头自由穿插的话，那么一定可以把图 1 变为图 2，因为所有的绳结都能经过连续变形最后解开成一段直的绳子，所以任何一个结都可以变成另一个结，实际上也就是先解开一个结，然后再重新打成另一个结。

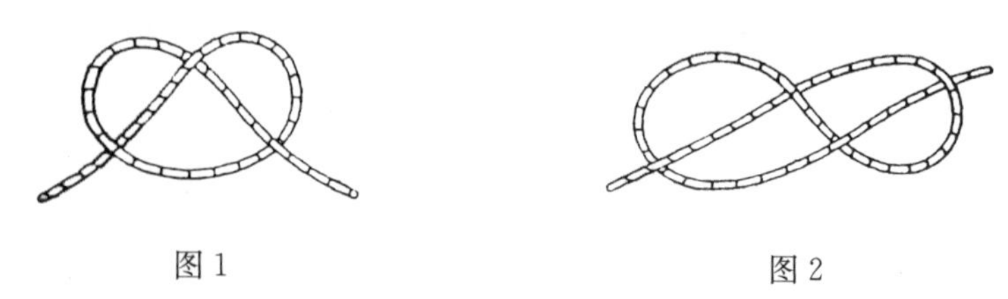

图 1　　　　图 2

当我们把绳子的两端在远处捻合起来后，那么图 1 和图 2 两个绳结就变成图 3 和图 4 那样的两个纽结了。图 3 称为三叶形纽结；图 4 称为八字形纽结。如果不把捻合处拆开或把绳子剪断，你再也无法把其中一个变为另一个。因此说一个纽结可以解开，是指能把它最后变成一个圆圈。

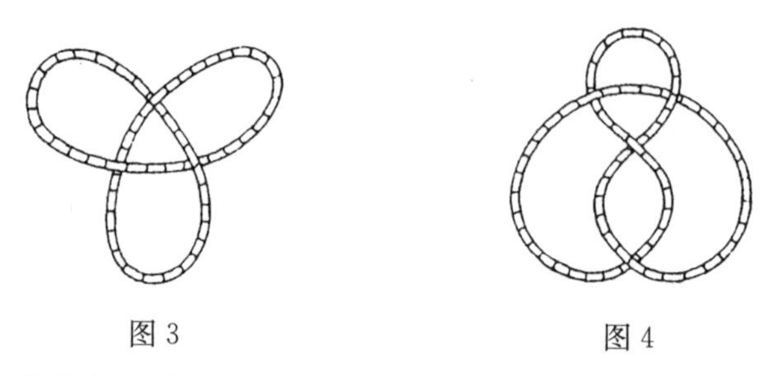

图 3　　　　图 4

纽结可以在空间中自由地连续变形，但不许剪断，不许粘合。在这种限制下，如果一个纽结可以经过这种绳圈移位变形成为另一个，我们就说这两个纽结是等价的或同痕的。一个纽结能不能解开，其含义应该是这个纽结能不能与一个平凡的纽结等价，即通过位移和变形使它最后变为圆。有的纽结与平凡纽结等价，故可以解开；有的纽结与平凡纽结不等价，所以解不开。

怎样判断一个纽结能不能解开呢？这是相当困难的问题。数学家发现，一个纽结对应于某一多项式的“不变量”，研究不变量，可以判断纽结是否可解。1984 年春天，新西兰数学家琼斯在讲他关于算子代数(这是泛函分析的一个领域，与理论物理学中的量子力学有密切关系)的研究成果时，听众中的美国拓扑学家伯曼告诉他，演讲中的一组公式与拓扑学中研究纽结不变量时遇到的一组公式很相像，经过几次长谈，琼斯终于弄清了两者之间的联系，经过研究后他提出了“琼斯多项式”，为研究纽结不变量提供了有力的工具。1990 年，琼斯因这一重要成果而荣获菲尔兹奖。

下面这个有趣的例子足以说明，判断两个纽结是否等价并不是很容易的事情。图 5 中的两个纽结，在 1899 年出版的纽结表中被列为不同的纽结，但在事隔 75 年之后，才有人发现它们是等价的。图中的粗实线和粗虚线标明了把一条线挪动成了另一条线的变化过程。你能看清楚吗?

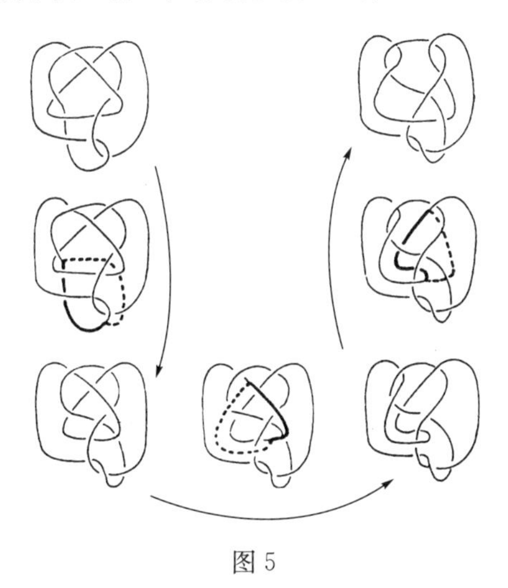

图 5

精心脱去九连环

《红楼梦》第七回写道：周瑞家的正要给林黛玉送宫花。谁知此时黛玉不在自己房中，却在宝玉房中大家解九连环。

九连环这一游戏在我国古代早有流传，它涉及颇多的数学原理，英国皇家学会会员李约瑟博士在《中国科学技术史》中特别提到它。今天更有专家撰文指出：九连环与二进制计数以及编码之间具有深刻联系。

九连环是中国古代流传下来的益智连环类玩具——玉连环的一种，已有两千多年的历史了，据《战国策·齐策六》记载：

> 秦昭王尝使使者遗君王后玉连环，曰："齐多知，而解此环不？"君王后以示群臣，群臣不知解。君王后引椎，椎破之，谢秦使曰："谨以解矣。"

由此可见，早在战国时期就已经有九连环这类游戏了。

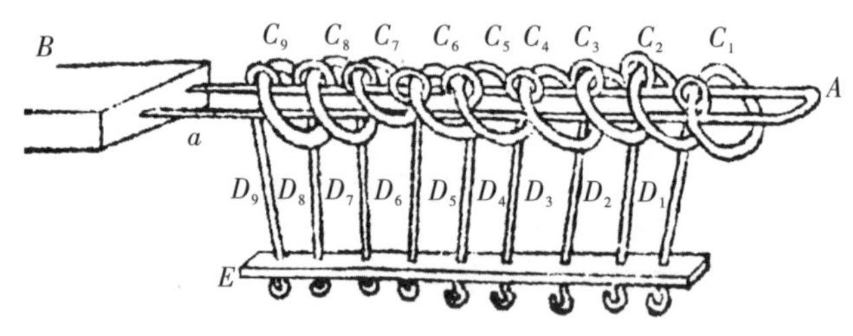

图 1

如图 1，一个 U 形金属杆 Aa 开口的一端 a 固定在墙上，A 被 9 个大小相同的圆环套住，每个圆环 C_i（$i=1$，2，…，9）又串在相应的金属直杆 D_i（$i=1$，2，…，9）上端的小钩里，直杆 D_{i-1} 又从圆环 C_i（$2\leqslant i\leqslant 9$）的中间穿过，各 D_i 的下端穿过一个可以活动的小平板 E，虽可沿杆的方向移动，但不能从 E 中抽出。现在要把 9 个连环全部从 A 中脱离出来，即使 ED_1D_2…

$D_9C_1C_2\cdots C_9$ 与 AB 分离开来。你能找到分离的办法吗?

要解开九连环的程序是很复杂的，但它的解法却又是有规律的，只要找到了规律，解开的程序就非常简单了。

要想移出第一个环 C_1，只要把它从 A 处移出，推到 Aa 的上方(图 2 左)，然后再从 Aa 的内口移出即可(图 2 右)，故只需移出这个圆环一次。

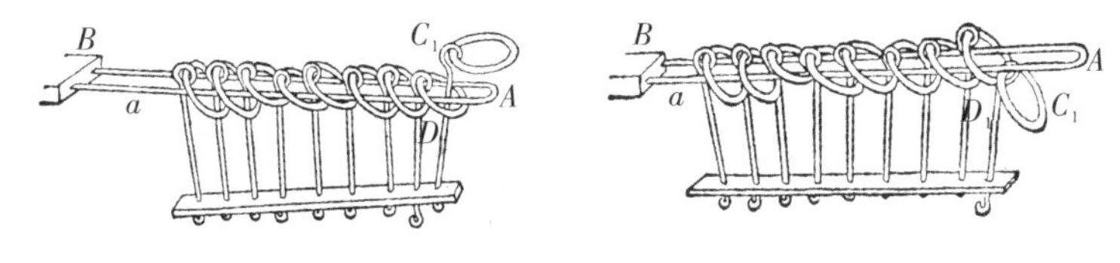

图 2

要移出 C_2，在图 2(右)的情况下是移不出来的，因为我们虽可把 C_2 移出 A 并推到 Aa 的上方，但由于 D_1 绊住，无法再使它从 Aa 的内口移出。所以要移出 C_2，只能在图 2(左)的情况下，就把 C_2 移到 Aa 的上方(图 3 左)，然后先把 C_2 从 Aa 内口移出，再把 C_1 从 Aa 内口移出(图 3 右)。这样移动 C_1，C_2 各 1 次，共移动 2 次。

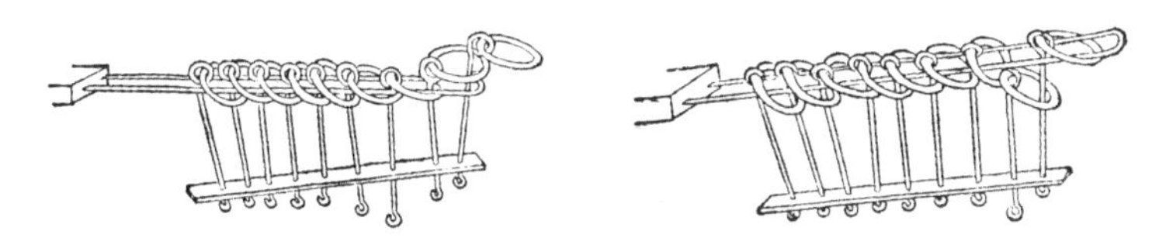

图 3

同样地，如果头两个连环 C_1，C_2 都移出去了，第三个环 C_3 就无法移出，因为它被前一个已移出的环 C_2 和后一个未移出的环 C_4 套住，无法移出，如图 3(左)所示。当然，如果更前面的第一个圆环都没有移出，第三个圆环也不可能移出，如图 3(右)所示。

因此，要移出第三个环 C_3 最简便省事的方法是：先把第一个环 C_1 移出，然后像图 4 那样，把 C_2，C_3 都移到 Aa 上方，把第三个环 C_3 从 Aa 内口移出，这时第二个圆环 C_2 已经无法移出，必须把第一个圆环 C_1 重新移进，再像图 3 那样，把 C_2，C_1 先后移出。这样，C_3 移出 1 次，C_2 移出1 次，C_1 移出 2 次，移进 1 次。所以，要移出前 3 个连环，最少要移动 3 个圆环共 $1+1+2+1=5$(次)。

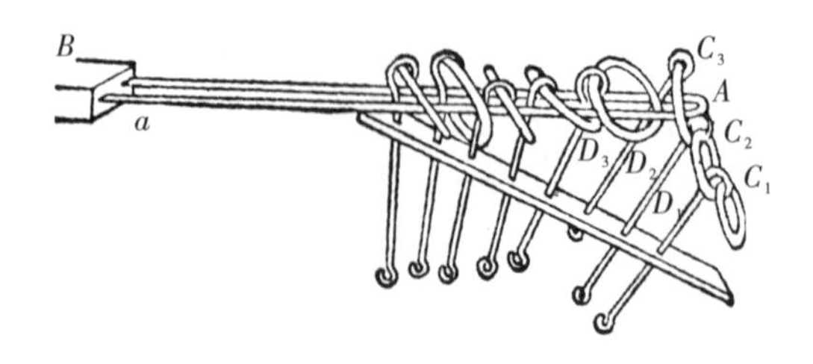

图 4

对有 n 个环的情况进行一般的分析，便可以得出解开连环的一般规律。

如图 5，将 n 个环依次标号为 1，2，…，n，可得如下结论：

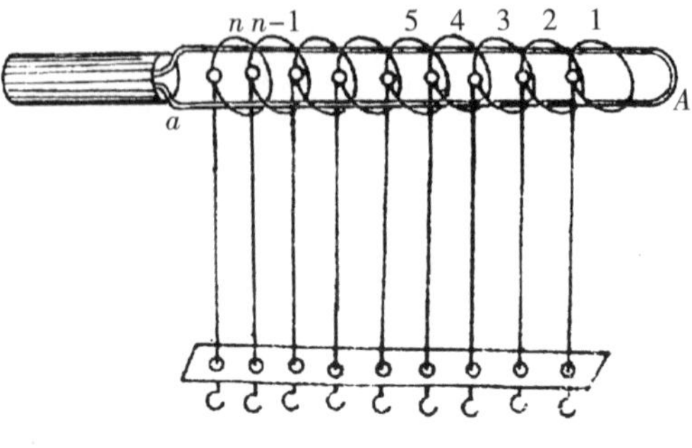

图 5

(1)环 1 可放下(从梁上取下，并从两梁之间放到下边去)或者套上(与上述程序相反)而与其他环在梁上或梁下无关。

(2)环 2 可与环 1 同时从梁上放下或套上，且与其他环在梁上或梁下无关。

(3)序号数为 $k(k=3, 4, 5, \cdots)$的环可以放下或套上，当且仅当序号数为 $k-1$ 的环在梁上，而所有号数小于 $k-1$ 的环在梁下，但与号数大于 k 的环在梁上或在梁下无关。

根据这一结论，我们来推导解开(或套上)n 个连环所需的步数。

记 $M(n)$为移出前 n 个圆环所需移进、移出诸圆环的最少次数；

记 $L(n)$为在前$(n-1)$个圆环已移出，其他的圆环尚未移出的前提下，移出第 n 个圆环所需移动诸圆环的最少次数。

与移动第三个圆环 C_3 时的分析类似，要移出第 n 个圆环，必须这样进行：

第一步　先把头$(n-2)$个圆环移出，这共需要移动圆环 $M(n-2)$次。

第二步　把第 n 个圆环 C_n 移出，需移一次；

第三步　移出第$(n-1)$环，因为在前面第$(n-2)$个圆环已移出，再移出第 $n-1$ 环需要 $L(n-1)$次。

所以，欲求的 $M(n)$具有递推关系：

$$M(n)=M(n-2)+1+L(n-1) \quad ①$$

为了利用①式实际计算，我们先求出计算 $L(n)$ 的公式：

在头 $(n-1)$ 个圆环已经移出时，要将第 n 个圆环移出，根据上面的分析，应先把第 $(n-1)$ 个圆环 C_{n-1} 移进(重新套上)，移进的程序与移出的程序是相同的，只不过方向相反。因为在前 $(n-2)$ 个环已移出的前提下，移出第 $(n-1)$ 环需要移动诸环 $L(n-1)$ 次，所以反过来，要把 $(n-1)$ 环移进也要移动诸环 $L(n-1)$ 次，然后移出第 n 环 C_n 需要一次，最后再把第 $(n-1)$ 环 C_{n-1} 移出，又要 $L(n-1)$ 次移动诸环，所以应有

$$L(n)=2L(n-1)+1 \quad ②$$

由②式得

$$\begin{aligned} L(n)&=2L(n-1)+1=2^2L(n-2)+2+1\\ &=2^3L(n-3)+2^2+2+1=\cdots\\ &=2^{n-1}L(1)+2^{n-2}+2^{n-3}+\cdots+2+1 \end{aligned}$$

注意到 $L(1)=1$ 及 $2^{n-2}+2^{n-3}+\cdots+2+1=2^{n-1}-1$，即得

$$L(n)=2^n-1 \quad ③$$

将③代入①，就可得

$$\begin{aligned} M(n)&=M(n-2)+1+2^{n-1}-1\\ &=M(n-2)+2^{n-1}\\ &=M(n-4)+2^{n-3}+2^{n-1}\\ &=M(n-6)+2^{n-5}+2^{n-3}+2^{n-1}\\ &=\cdots\\ &=\begin{cases} M(1)+2^2+2^4+\cdots+2^{n-1}，若 n 为奇数；\\ M(2)+2^3+2^5+\cdots+2^{n-1}，若 n 为偶数。\end{cases} \end{aligned}$$

因已知 $M(1)=1$，$M(2)=2$，所以

$$M(n)=\begin{cases} 1+2^2+2^4+\cdots+2^{n-1}=\dfrac{1}{3}(2^{n+1}-1)，n 为奇数；\\ 2+2^3+2^5+\cdots+2^{n-1}=\dfrac{2}{3}(2^n-1)，n 为偶数。\end{cases} \quad ④$$

在④式中，令 $n=9$，即得

$$M(9)=\frac{1}{3}(2^{10}-1)=341(步)$$

掷点数走步的棋

《红楼梦》第二十回写道：贾环到薛宝钗房里来玩。正遇见宝钗、香菱、莺儿三个赶围棋作耍，贾环见了也要玩。宝钗素日看待贾环也如宝玉一样，并无他意。今儿听他要玩，便让他上来一处玩。一注十个钱。头一回，贾环赢了，心中十分喜欢。谁知后来接连输了几盘，就有些着急。赶着这盘正该自己掷骰子，若掷个七点便赢了，若掷个六点也该赢，掷个三点就输了。贾环拿起骰子来狠命一掷，一个作定了二，那一个乱转。莺儿拍着手只叫“幺”，贾环便瞪着眼，“六——七——八”混叫。那骰子偏生转出幺来。贾环急了，伸手便抓起骰子来，然后就拿钱，说是个六点。莺儿便说：“分明是个幺！”宝钗见贾环急了，便瞅莺儿说道：“越大越没规矩！难道爷们还赖你？还不放下钱来呢。”莺儿满心委屈，见姑娘说，不敢出声，只得放下钱来，口内嘟囔说：“一个做爷的，还赖我们这几个钱，连我也不放在眼里！”

这里所说的“赶围棋游戏”肯定不是下围棋，而是一种带有博弈性质的小游戏。但它究竟是怎样玩法的，书中语焉不详，可能是一种类似“双陆棋”而带有博弈性的游戏。如《红楼梦》第八十八回写道：“鸳鸯遂辞了出来，同小丫头来至贾母房中，看见贾母与李纨打双陆，鸳鸯旁边瞧着。李纨的骰子好，掷下去把老太太的锤打下了好几个去。鸳鸯抿着嘴儿笑。”贾母和李纨玩的就是下双陆棋。

双陆是一种随中西文化交流而传入的西域博戏。关于它的源流自古有多种说法，宋人洪遵《谱双・序》根据各家记载概括说：“盖始于西竺，流于曹魏，盛于梁、陈、魏、齐、隋、唐之间。”由于流传过程中的变异，双陆棋有许多大同小异的版本。其共同特点是：使用长方形的棋盘，两位下棋人各执相同个数的黑白子(棋盘不大时可以用围棋子代替)，子叫作“马”。双方按投掷两枚骰子所得的点数，将自己的两个马分别从本方向对方移动相应的格数，也可将同一个马分别移动两次。马只能移动到空格或被本方马所占的格子内。当对方在某一格内只有一马，称为“弱棋”。如果本方掷出的两点恰好能使本方的两个马都能移动到该一格，则将对方的这枚弱棋打掉。根据全部马到达目的地的先后和打落敌马的多少决定胜负。

双陆棋的胜负基本是由投掷骰子的结果决定，由于骰子的各面是均匀的，1，2，3，4，5，6点出现的概率相等，所以这种棋对双方都是公平的，胜负基本靠自己的“运气”决定。

下面我们谈谈一个关于掷骰子游戏的有趣问题。

许多关系都具有传递性。例如实数中的不等关系，若 $a>b$，$b>c$，则 $a>c$。但有的关系却没有传递性，如“石头、剪刀、布”游戏中的石头胜剪刀，剪刀胜布，而布反能胜石头。五行中金克木，木克土，土克水，水克火，但火克金。

由于掷骰子决定胜负的关系，有时并没有传递性，因此有人设计了一些骰子，使得用投掷骰子的方法决定胜负出现复杂的情况。

今有三枚空白骰子 A，B，C。将1，2，…，17，18等18个数随机刻写在这三枚骰子的18个面上。乙先认真地从三枚骰子中选出一枚，甲从剩下的两枚中选一枚，然后两人用它们所选的骰子做游戏：两人同时掷骰子，得到的数较大者获胜。甲是否有方法保证自己获胜的概率比乙大?

分析 如果只有两枚骰子，一定可选出获胜概率较大的一枚。例如，对 A，B 两枚骰子，每枚骰子的6个面上刻写的数字分别为

A：1，3，7，8，9，12； B：2，4，5，6，10，11，

则两人投掷时，共有36种可能的情况，用符号(A，B)表示 A，B 掷出的点数，例如(3，2)表示 A 掷出3，B 掷出2。A 获胜的情况有19种：

$(A, B)=(3, 2)$；$(7, 2)$；$(7, 4)$；$(7, 5)$；$(7, 6)$；$(8, 2)$；$(8, 4)$；$(8, 5)$；$(8, 6)$；$(9, 2)$；$(9, 4)$；$(9, 5)$；$(9, 6)$；$(12, 2)$；$(12, 4)$；$(12, 5)$；$(12, 6)$；$(12, 10)$；$(12, 11)$。

所以选择骰子 A，获胜的概率为$\frac{19}{36}$。

如果从三枚骰子中，能选出获胜概率最大的骰子吗？这时情况要复杂一些，应当做具体的分析。

如果先比较 A，B 两枚骰子，设 A 的获胜概率较大，去掉 B；再比较 A 和 C。这时，可能出现两种情况：

(1)如果还是 A 的获胜概率较大，那么乙选择 A。这时，不论甲选择 B 还是选择 C，他获胜的概率总比乙小。所以甲在设计骰子时，要避免出现这种情况。

(2)如果 A 的获胜概率小于 C 的获胜概率，那么还要比较 B 与 C，这时，又有两种情况。如果还是 C 的获胜概率较大，则乙选择 C；如果 B 的获胜概率较大，则出现这样的情况：将三枚骰子的获胜概率两两比较时，

A 比 B 大；　B 比 C 大；　C 比 A 大。

这种情况称为"三怕现象"，显然对甲有利：每枚骰子都有"克星"，当乙选择 A 或 B 或 C 时，甲相应地选择 C，A，B。这时，甲获胜的概率恒大于乙。所以，这是甲应该精心设计的情况。

这种情况是可能出现的，例如下面给出的一种设计方案就是三怕现象：

A：18，10，9，8，7，5；

B：17，16，15，4，3，2；

C：14，13，12，11，6，1。

$(A, B)=(18, 17), (18, 16), (18, 15), (18, 4), (18, 3), (18, 2),$
$(10, 4), (10, 3), (10, 2), (9, 4), (9, 3), (9, 2),$
$(8, 4), (8, 3), (8, 2), (7, 4), (7, 3), (7, 2),$
$(5, 4), (5, 3), (5, 2)$。

A 有利的情况 21 种，A 获胜的概率为$\frac{21}{36}$，B 获胜的概率为$\frac{15}{36}$。

$(B, C)=(17, 14), (17, 13), (17, 12), (17, 11), (17, 6), (17, 1),$
$(16, 14), (16, 13), (16, 12), (16, 11), (16, 6), (16, 1),$
$(15, 14), (15, 13), (15, 12), (15, 11), (15, 6), (15, 1),$

(4, 1), (3, 1), (2, 1)。

B 有利的情况 21 种，B 获胜的概率为$\frac{21}{36}$，C 获胜的概率为$\frac{15}{36}$。

$(C, A)=(14, 10), (14, 9), (14, 8), (14, 7), (14, 5), (13, 10),$
$(13, 9), (13, 8), (13, 7), (13, 5), (12, 10), (12, 9),$
$(12, 8), (12, 7), (12, 5), (11, 10), (11, 9), (11, 8),$
$(11, 7), (11, 5), (6, 5)$。

B 有利的情况 21 种，B 获胜的概率为$\frac{21}{36}$，C 获胜的概率为$\frac{15}{36}$。

由此可见，A，B，C 的确是“三怕”状态。

如果有四枚骰子，斯坦福大学的统计学家布拉德利·埃夫伦 1970 年设计了图 1 那样的四枚骰子：

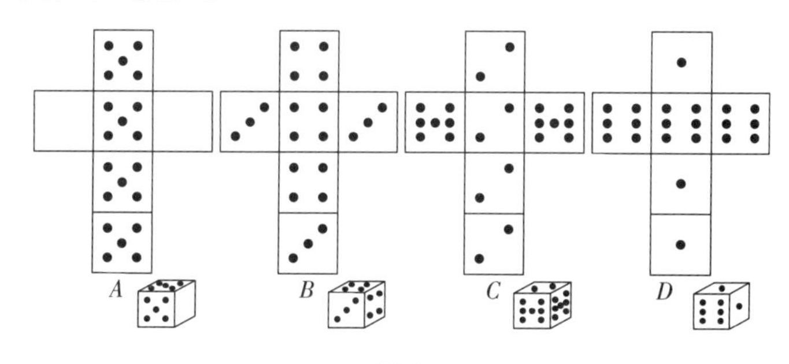

图 1

现在让你玩两人掷骰子游戏，玩法是：让你的对手从四枚骰子中先选一枚，你再从剩下的三枚中选一枚，然后两人掷出自己选中的骰子，以掷得的点数多者为胜。你认为该怎样选择骰子，才能让你取得最终的胜利呢？如果只掷一次，谁胜谁负，结果自然是随机的，如果多次投掷，怎样使你获胜的概率大呢？

当两人选择 A，B 两枚骰子时，用(A, B)表示投掷一次的结果，由图 2 可见，在 $6\times6=36$(种)可能结果中，A 有利$(a>b)$的有 24 个，B 有利$(a<b)$的有 12 个，所以 A 获胜的概率是$\frac{2}{3}$。由图 3 可见，当两人选择 C，D 两枚骰子时，C 获胜的概率是$\frac{2}{3}$。

A\B	4	4	4	3	3	3
5	A	A	A	A	A	A
5	A	A	A	A	A	A
5	A	A	A	A	A	A
5	A	A	A	A	A	A
0	B	B	B	B	B	B
0	B	B	B	B	B	B

图 2

C\D	1	6	1	1	6	6
2	C	D	C	C	D	D
2	C	D	C	C	D	D
2	C	D	C	C	D	D
2	C	D	C	C	D	D
7	C	C	C	C	C	C
7	C	C	C	C	C	C

图 3

因此不管对手选择哪枚骰子，你都能选一颗获胜概率大的骰子。完全类似的，当两人选择 B，C 两枚骰子时，B 获胜的概率是 $\frac{2}{3}$。当两人选择 D，A 两枚骰子时，D 获胜的概率是 $\frac{2}{3}$（请读者自行检验）。

从钓鱼区到太极图

《红楼梦》里多处写到钓鱼活动。如第八十一回中写探春、李纹、李琦、邢岫烟等四位美女正在钓鱼。贾宝玉看见了便凑进去要与大家进行钓鱼比赛，占占谁的运气好？看谁钓得着就是他今年的运气好，钓不着就是他今年运气不好。探春、李纹、李绮、岫烟都很快把鱼钓上来了，最后轮到宝玉。宝玉道："我是要做姜太公的。"便走下石矶，坐在池边钓起来，岂知那水里的鱼看见人影儿，都躲到别处去了。宝玉抡着钓竿等了半天，那钓丝儿动也不动。

文中说，宝玉坐在池边钓鱼，那水里的鱼看见人影儿，都躲到别处去了。这里有一个值得分析的数学问题，如图 1，设钓鱼者蹲在岸边 A 处，他甩出的吊钩悬空于 O 点，钓饵被鱼群感知的范围为一个以 O 为圆心的半径较大的圆，钓鱼人散发的声息足以使鱼群惊逃的范围是一个以 A 为圆心半径较小的圆，两圆重叠部分（图 1 中阴影所示部分）才是鱼群的禁区，在区域 $CEDBC$ 之内游弋的鱼群，都有可能发现钓饵并吞食钓饵而上钩。贾宝玉之所以钓不到鱼，大概是因为区域 $CEDBC$ 与阴影图形面积 $ADBC$ 之比不够大的缘故。

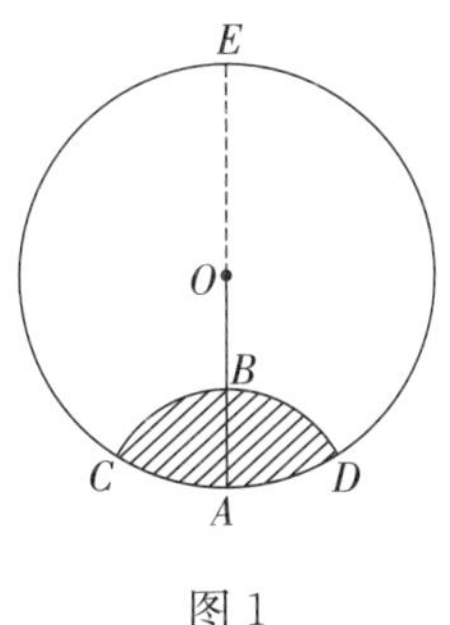

图 1

与圆有关的计算问题是中学数学的重要内容，区域 $CEDBC$ 是由两段圆弧围成的图形，先民们很早就注意到了一些由几段圆弧围成的图形的面积计算问题，我们试看阿基米德的“鞋匠刀”问题。

这一问题是由阿基米德提出的。

如图 2，设 AB 是垂直于圆的直径的一条弦，其长度为 t，两把“鞋匠刀”（图 2 中画有斜线的部分）的面积是 S。证明：$S=\frac{\pi}{8}t^2$。

图 2

分析 我们通过计算图 2 中两把“鞋匠刀”的面积来证明。

设 b 和 c 分别是两个小圆的直径，与三个圆的直径垂直的弦 $AB=t$，则根据圆幂定理有

$$b\times c=\frac{t}{2}\times\frac{t}{2}=\frac{t^2}{4}$$

于是，两把“鞋匠刀”的面积之和为：

$$S=\frac{\pi}{4}(b+c)^2-\frac{\pi}{4}b^2-\frac{\pi}{4}c^2=\frac{\pi}{4}[(b+c)^2-b^2-c^2]=\frac{\pi}{2}bc=\frac{\pi}{8}t^2$$

阿基米德是第一个研究“鞋匠刀”图形问题的人，所谓的“鞋匠刀”是由三个半圆组成的，这三个半圆的大小是任意的，只要求其中两个半圆的直径加起来等于第三个圆的直径。这样的图形有着令人惊讶的违反直觉的属性。阿基米德发现：最大半圆的面积减去两个小半圆的面积后（即鞋匠刀）的面积，等于另一个圆的面积，该圆的直径等于从两个小半圆的交点作垂直于大圆直径的弦长的一半。如图 3 所示，在最下一幅图中，当两个较小的半圆完全一致时，这一点就非常明显了。

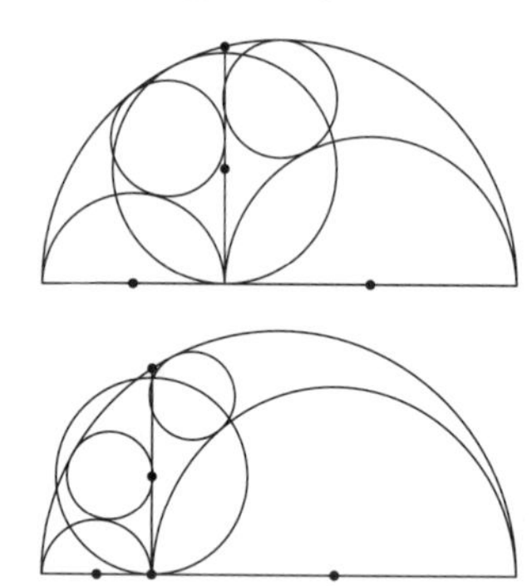

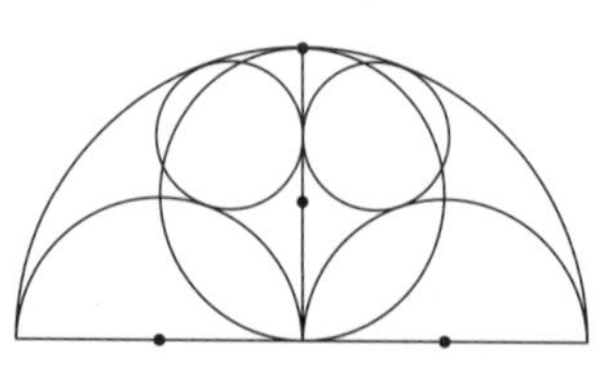

图 3

如果鞋匠刀内有两个圆，它们与三个半圆都相切，同时还与垂直弦相切，那么，这两个圆无论大小，一定相等。

如图 4，在线段 AB 上取点 C，以线段 AC，BC，AB 为直径作⊙O'，⊙O''，⊙O，过点 C 作垂直于 AB 的直线，交⊙O 于点 D。作⊙O_1 和⊙O_2 分别与⊙O' 和⊙O''外切，与⊙O 内切，并均与 CD 相切。设⊙O_1 和⊙O_2 的半径分别为 r_1 和 r_2，⊙O' 和⊙O''的半径分别为 R_1 和 R_2，则 $r_1=r_2=\dfrac{R_1R_2}{R_1+R_2}$。

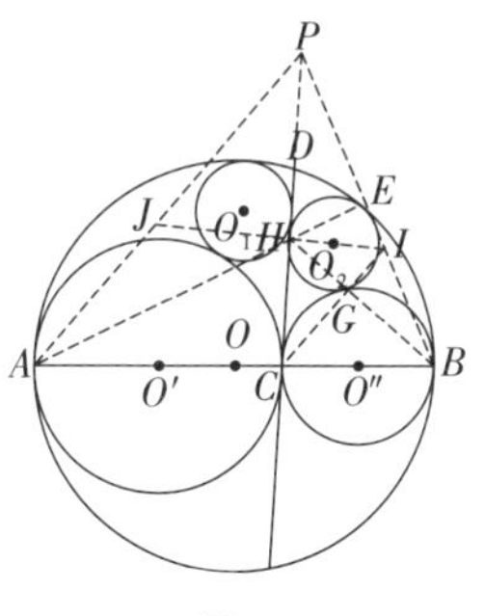

图 4

证明　如图 4，设⊙O_2 与⊙O 内切于点 E，与⊙O''相切于点 G，与 CD 相切于点 H，延长 BE 与 CD 的延长线相交于点 P，设 PB 与⊙O_2 交于点 I，直线 IH 与直线 AP 交于点 J。

由 O，O_2，E 三点共线，及$\triangle AOE\backsim\triangle HO_2E$，知 A，H，E 三点共线，从而 $AE\perp BE$，即知 H 为$\triangle PAB$ 的垂心。注意$\angle HGI=90^\circ=\angle CGB$，知 C，G，I 与 H，G，B 分别三点共线。

过点 E 作⊙O 与⊙O_2 的公切线，可证 $HI\parallel AB$，由$\angle APC=\angle ABH$（因 H 为垂心），知$\angle PAC=\angle ICB$，从而知四边形 $ACIJ$ 为平行四边形，有 $JI=AC$。由$\triangle PJI\backsim\triangle PAB$，有$\dfrac{PH}{PC}=\dfrac{JI}{AB}=\dfrac{AC}{AB}$，亦有$\dfrac{HI}{CB}=\dfrac{PH}{PC}=\dfrac{AC}{AB}$，从而 $HI=\dfrac{AC\cdot CB}{AB}$，注意到 HI 为⊙O_2 的直径，故 $r_2=\dfrac{R_1R_2}{R_1+R_2}$。

类似地可证明⊙O_1 的半径 $r_1=\dfrac{R_1R_2}{R_1+R_2}$。

这个“鞋匠刀”图形问题有一段时间似乎没有人继续深入研究，直到帕普斯才继续开始研究这个问题。在帕普斯描绘的“鞋匠的小刀”圆形链条里（图 5），所有内切圆的圆心，都位于一条圆形线上。

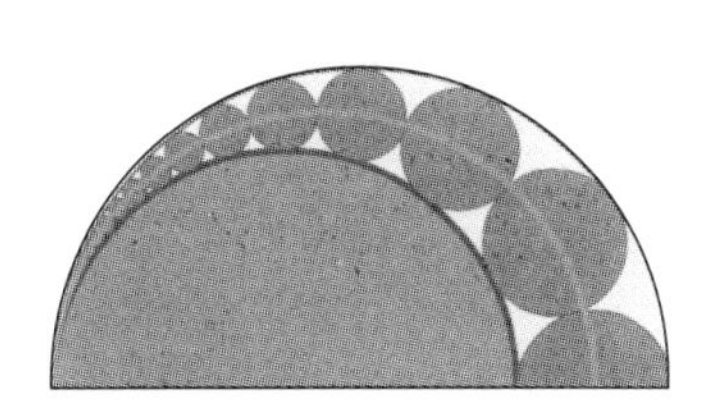

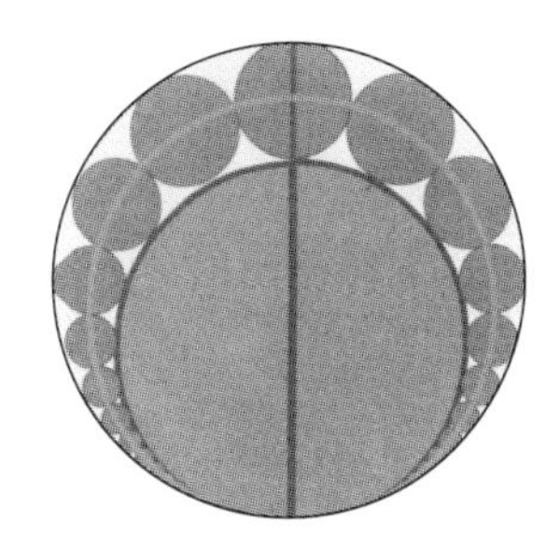

图 5

我们现在谈谈与鞋匠刀有些相似的“太极图”。

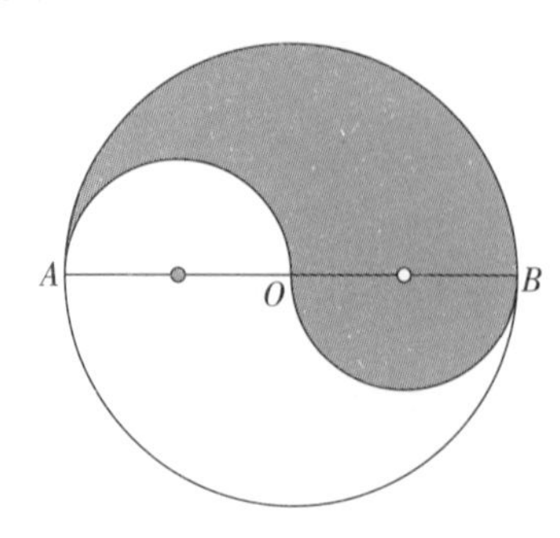

图 6

如图 6 右，以适当长的线段 AB 为直径作圆，设 O 为圆心，再分别以 AO 和 OB 为直径在 AB 的上方和下方分别作半圆，两个半圆连接起来就成了太极图中的“S 分界线”，再涂上黑白两种颜色，就构成了简单的太极图。

这个简单的太极图已经出现在初中数学教材的习题中，例如：

在图 6 的太极图中，设圆的半径为 1，从极点 A 到极点 B 的“S 分界线”与从 A 到 B 的半圆弧相比，哪个的长度大一些？

进一步，把直径分成 4 等份，以每一份为直径，分别相间地在 AB 的上下两侧作半圆，构成一条四折的“二级分界线”(如图 7)，那么，从 A 到 B，是走“S 分界线”近，还是走“二级分界线”近呢？

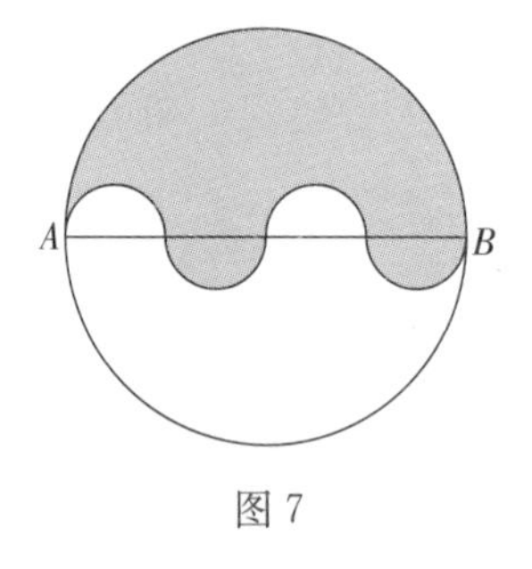

图 7

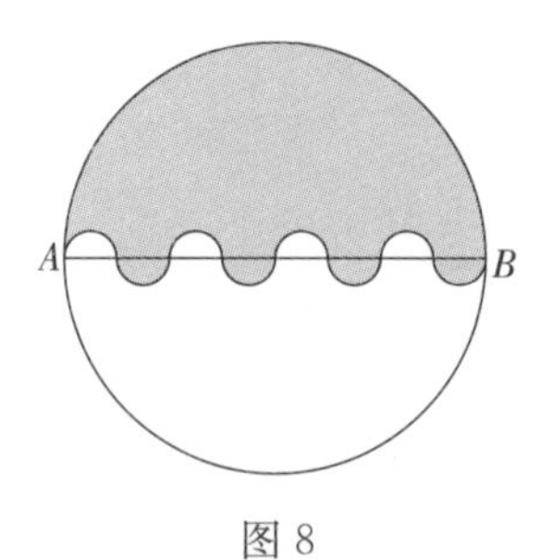

图 8

如此继续作八折的“三级分界线”(如图 8)，十六折的“四级分界线”，最后得到一条“n 级分界线”，它的长度是多少？

当 n 是一个有限的正整数时，n 级分界线的长度都是 π。但当 $n \to +\infty$ 时，这条分界线好像成了一条直线，它的长度应变为 1。

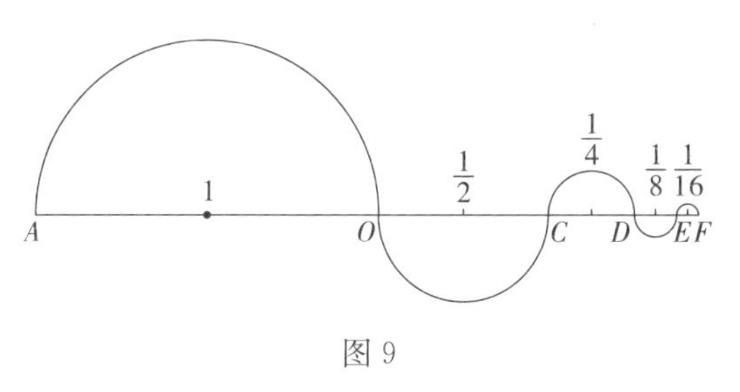

图 9

但实际上当 n 趋向无穷时，它的长度为

$$s=\pi\left(\frac{1}{2}+\frac{1}{4}+\frac{1}{8}+\cdots\right)=\pi\left(1-\frac{1}{2^n}\right)=\pi$$

图 6 画出的太极图并不是标准的太极图。美妙的太极图是怎样画出来的？在易学研究界有它独特的内涵和讲究，我们不必计较，只把它作为一个数学图形设计它的画法。一些数学家设计出了各种各样的太极图，有与河图洛书相结合的，有与勾股定理相结合的，还有与五角星形结合的等等。下面是与河图、洛书联系的太极图：

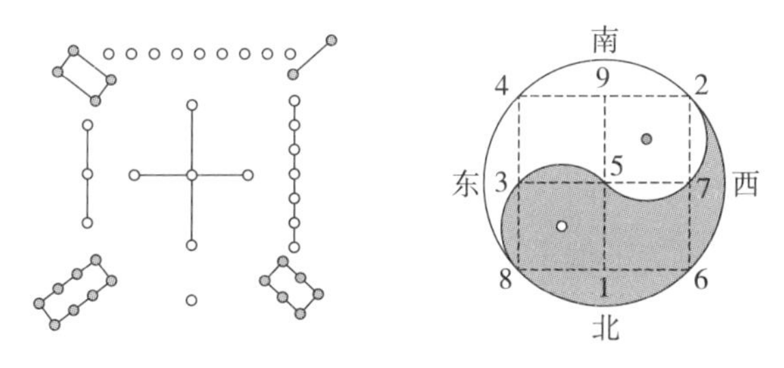

图 10　洛书太极图

《周易·系辞上》说："河出图，洛出书，圣人则之。"谈祥柏与姬竞竣两位先生曾在上海《科学画报》1988 年第 12 期上发表了一个与洛书有关的太极图作法：

(1)通过 2，4，6，8 四隅的四个方位点作正方形的外接圆。

(2)过 2，7，5 三个方位点作半圆，再通过 8，3，5 三个方位点作半圆，两个半圆在正方形的中心相接，并在 2，8 两点与大圆相切。两个半圆的连接线，即通过 2，7，5，3，8 五个方位点的曲线，作成太极图的"S 分界线"，将大圆分成两半，上半为阳，下半为阴。

(3)再在两个小半圆的圆心画出阴、阳两点，便构成了太极图。

夜宴怡红排座图

《红楼梦》第六十三回“寿怡红群芳开夜宴”，描写姑娘们给贾宝玉贺寿，贾宝玉提议：“咱们也该行个令才好。”袭人道：“斯文些的才好，别大呼小叫，惹人听见。二则我们不识字，可不要那些文的。”于是他们玩一种叫“占花名儿”的酒令。晴雯拿了一个竹雕的签筒来，里面装着象牙制的签，每支签上都带有花名并规定了饮酒的办法。

行令从晴雯开始，晴雯将骰子掷出五点，从晴雯开始数到五至宝钗，宝钗掷出十六点数到探春。探春抽得的签花名儿是“日边红杏倚云栽”，探春很不高兴。探春掷出十九点而数至李纨，李纨抽得的签规定：自饮一杯，下家掷骰。接着由下手的黛玉掷出十八点而数至湘云，湘云抽得的签规定，本人不饮酒，而由上下两家各饮一杯。黛玉和宝玉是上下两家。湘云掷出九点而数至麝月，麝月掷出十点数至香菱，香菱掷出六点而数至黛玉，黛玉掷出二十点数至袭人。

我国的著名红学家俞平伯先生等人，根据《红楼梦》这段情节研究并且画出了当时夜宴的座次图，他们的研究肯定要用到数学中的同余式，因而引起了我的一些兴趣。

根据谈祥柏先生在他的《数学未了情》(科学出版社，2010 年版)一书中介绍：俞平伯先生在《红楼梦研究》(棠棣出版社)一书中给出了图 1 的座次图。1980 年，《红楼梦研究集刊》第四辑上发表了北京大学教授周绍良先生的《红楼梦枝谭》一文，也附有图说(图 2)，但是周绍良的结论与俞平伯有差异。

周绍良先生认为参加夜宴的总人数不是 16 人，而是 17 人。对比之下，图 2 比图 1 多出了一个翠墨，还有四个小丫头则用××表示。她们应是秋纹、春燕、四儿、碧痕。俞、周两位先生的图说谁是谁非？另一位著名红学家邓云乡先生在其所著的《红楼梦小录》(山西人民出版社，1984)一书中，在比较两个图后，明显支持俞平伯先生的观点。

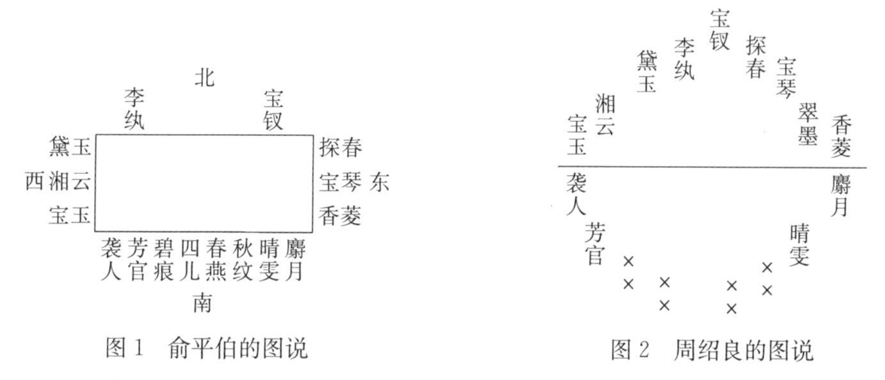

图1　俞平伯的图说　　图2　周绍良的图说

然而令人遗憾的是：俞平伯先生与周绍良先生两人的图说都不能与《红楼梦》的原文完全吻合。问题出在什么地方呢？要搞清这个问题，首先必须确定几点：

一、参加夜宴的总人数是多少；

二、计算点数时旋转的方向；

三、数点时是以掷骰者本人为“1”算起，还是以掷骰者的下一人为“1”算起。

不难发现，俞图与周图都是按逆时针旋转的。但是俞图只有 16 人，并且是以掷骰者本人为“1”算起的；而周图则有 17 人，并且是以掷骰者的下一人为“1”算起的。除此之外，两人的图并没有本质的区别，正如谈祥柏先生指出的那样。

让我们来分析一下俞、周二人的图。

先看俞图(以掷骰子者本人为“1”，按逆时针数)，其中有三处与小说原文不符：

第一，从晴雯数至宝钗，其数是六，而不是五；

第二，从湘云数至麝月，其数是十，而不是九；

第三，从麝月数至香菱，其数绝对不可能是十。

周绍良先生的图说消除了俞图中第一、第二两个缺点，弥补的办法是以掷骰者的下一人为“1”算起。这样，参加宴会的人数就不能不增加为 17 人，因而凭空添加了一个翠墨。尽管如此，周图比俞图还似乎聊胜一筹。

但是两人的图都有一个致命的缺陷，那就是都不能与“麝月掷出十点而至香菱”的要求相符合。因为在两人的图中，麝月与香菱的座位都是紧连的，如果按俞图计算，只有在麝月掷出 $2+16k$ 点时（k 为自然数），才有可能数到香菱。若用周图，则必须掷出 $1+17k$ 点时（k 为自然数），才有可能数到香菱。今麝月掷出 10 点，是绝对不可能数到香菱的。

问题出在哪里呢？看来是曹雪芹写小说时就弄错了，使得俞、周两位先生都无法排出准确的图说。小说中说麝月掷出十点，可能是十九点之误（即掉了一个“九”字）。如果这样，那么只要在俞平伯先生的图说中，将麝月与晴雯的位置按逆时针方向互换，以掷骰者本人为“1”数起，就与小说的文字完全吻合了。

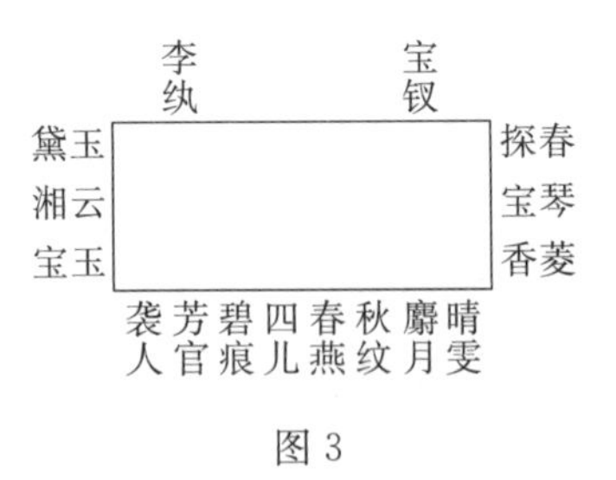

图 3

现在我们可以验证一下，图 3 是否与校正后的文字相吻合。根据图 3 实际数出每次掷点的结果：

晴雯(5)→宝钗(16)→探春(19)→李纨(不掷)→黛玉(18)→湘云(9)→麝月(19)→香菱(6)→黛玉(20)→袭人。

与校正后的文字完全吻合。当然，这只能说是与我所引的春风文艺出版社 1994 年版的《红楼梦》中第 762～764 页的文字相吻合。至于俞平伯和周绍良这些红学权威是否使用的是某种珍本、善本，与春风文艺出版社的版本有所不同，那是另外一回事了。不过本文只是从数学的角度对排座位问题提出一种说法，并非对《红楼梦》版本的考证。好在谈祥柏先生是一位严谨的学者，他在《数学未了情》一书中第 245 页的数据也与春风文艺出版社的数据相同。另外还有一个引起我注意的问题：探春掷出骰子的点数是多少，岳麓书社出版的《红楼梦》(2004 年 6 月第一版)关于这一段的叙述与春风文艺出版社的版本略有不同。岳麓版说“湘云拿着他的手强掷了个九点出来”(第 446 页)，而春风版则是“湘云拿着他的手，强掷了了个十九点出来”。

这两个版本至少有一家是错了。这就证明了书中把 19 点错为 9 点，或者把 9 点错为 19 点，都是有可能的。

最后我们介绍一个著名的排座位问题。

法国数学家卢卡斯曾经提出一个所谓的“夫妻环坐”问题：

$n(n\geqslant 3)$对夫妻围圆桌而坐，男女必须相间，夫妻不准相邻，$2n$ 个座位固定编号为 1，2，…，$2n$，问有多少种不同的安排座位的方法？

这个问题引起了全世界许多著名数学家的兴趣，成为举世闻名的数学趣题。它的解法一般是利用递推公式，设 S_n 表示 n 对夫妻环坐的方法数，则 $S_n=2n!\ A_n$。其中 A_n满足递推关系：

$$A_{n+1}=(n+1)A_n+\frac{n+1}{n-1}A_{n-1}+4\frac{(-1)^n}{n-1} \quad ①$$

公式①的推导比较复杂，我们只就 $n=4$ 的简单情形讨论这个问题的解法。

我们用 4 个大写字母 A，B，C，D 分别表示四位男士，用相应的小写字母 a，b，c，d 分别表示他们的妻子。如图 4，假设 8 个座位按图 4 的①那样编了号，先让四位男士坐在①中的奇数位置 1，7，9，3，如图 4 的②。由排列组合知不同的做法有 4！$=4\times3\times2\times1=24$(种)。

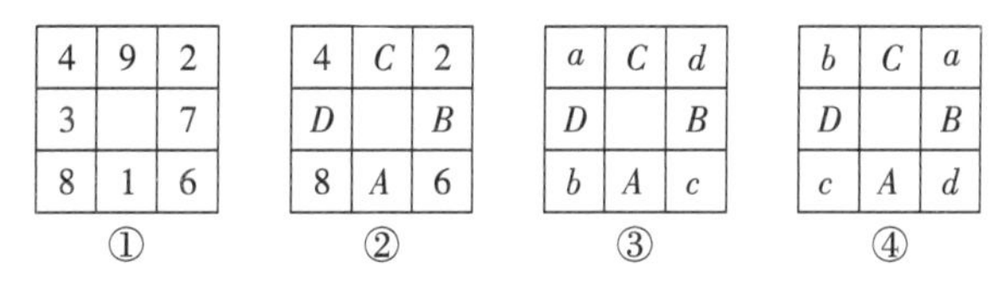

图 4

考虑其中的任意一种坐法，例如图 4 中②的坐法。这时位置 6 处不能坐 a 和 b，只能从 c 或 d 中任选一人，但一经选定，整个座位的排列方法就完全决定了。例如，如果选择 c 坐在位置 6，则因位置 8 处不能坐 a 和 d，只能

安排 b 坐在位置 8。又由于 d 不能坐在位置 4 处，所以剩下的两人 a 和 d 中，只能 a 坐在位置 4，d 坐位置 2，8 个人的座位便完全决定了，如图 4③。对称地，如果选择 d 坐在位置 6，那么 8 个人的座位也像图 4④那样完全决定了。因此对应于图 4②的男士安排，有 2 种不同的坐法。

因为男士的初始安排有 24 种方法，所以共有 24×2=48(种)坐法。

同样地，如果先安排四位女士坐在图 4①中的奇数位置，又有 48 种不同的坐法。所以共有 48×2=96(种)不同坐法。

击鼓传花说同余

《红楼梦》第五十四回和第七十五回都写了一种叫作"击鼓传花"的酒令。

《红楼梦》里写了好些酒令，有雅有俗。既有牙牌令和射覆之类的高级酒令，也有划拳和击鼓传花这些相对大众化的酒令。猜拳行令是中国人一种特殊的酒文化，文学作品中常有许多关于酒令的描写。酒令是按一定的游戏规则进行的。这些规则像法律的章程，所以称为律令。用数学的观点看，酒令可以分为两大类型，一类的规则是硬性规定的，不带博弈性。另一类也按一定的游戏规则进行，但带有博弈性，不妨称之为博弈令。

击鼓传梅(花)就是一种典型的博弈令，它是数学中同余式的一个有趣模型。

什么是同余式呢？

定义1　设m是一个正整数，如果两个整数a与b分别用m除所得的余数相同，则称a与b模m同余(正整数m称为模)，记作

$$a \equiv b \pmod{m} \quad ①$$

①式称为同余式。

同余式也可以定义为：

定义2　设m是一个正整数，如果两个整数a与b的差能被m整除，即$m \mid (a-b)$，则称a与b模m同余(正整数m称为模)。

定义3　设m是一个正整数，如果两个整数a与b满足关系：

$$a = km + b \quad ②$$

则称 a 与 b 模 m 同余(正整数 m 称为模)。

三个定义是等价的。同余式与等式有许多类似的性质。

整数在同余的意义下可以进行四则运算，称为模算术。模算术的四则运算与整数的四则运算有许多相似的性质。将其列表比较如下：

普通算术	模算术(mod m)
若 $a=b$，$c=d$，则 $a+c=b+d$。	若 $a\equiv b$，$c\equiv d$，则 $a+c\equiv b+d$。
若 $a=b$，$c=d$，则 $a-c=b-d$。	若 $a\equiv b$，$c\equiv d$，则 $a-c\equiv b-d$。
若 $a=b$，$c=d$，则 $ac=bd$。	若 $a\equiv b$，$c\equiv d$，则 $ac\equiv bd$。
若 $ac=bc$，且 $c\neq 0$，则 $a=b$。	若 $ac\equiv bc$，且 c，m 互质，则 $a\equiv b$。

以任一固定的正整数 m 为模，可以把全体整数按照余数的不同分类，凡用 m 除后余数相同归为一类，并用符号$\{0\}$，$\{1\}$，$\{2\}$，…，$\{m-1\}$表示它们，称为模 m 的剩余类。

例如，若取模 $m=5$，则模 5 的 5 个剩余类是：

$$\{0\}=\{\cdots,\ -15,\ -10,\ -5,\ 0,\ 5,\ 10,\ 15,\ \cdots\}$$

$$\{1\}=\{\cdots,\ -14,\ -9,\ -4,\ 1,\ 6,\ 11,\ 16,\ \cdots\}$$

$$\{2\}=\{\cdots,\ -13,\ -8,\ -3,\ 2,\ 7,\ 12,\ 17,\ \cdots\}$$

$$\{3\}=\{\cdots,\ -12,\ -7,\ -2,\ 3,\ 8,\ 13,\ 18,\ \cdots\}$$

$$\{4\}=\{\cdots,\ -11,\ -6,\ -1,\ 4,\ 9,\ 14,\ 19,\ \cdots\}$$

在模 m 的 m 个剩余类的每一个中任取一个数为代表，便得到一个由 m 个数组成的集合 T，T 称为模 m 的一个完全剩余系，简称完系。显然 T 中的 m 个数模 m 两两不同余。例如 $T=\{1,\ 2,\ 3,\ 4,\ 5,\ 6,\ 7\}$就是模 7 的一个完系。

现在回到击鼓传花的酒令。若干人(例如 7 人)围圆桌而坐，分别用 0，1，2，3，4，5，6 依次表示客人和他们所在的座位。酒令开始时，由乐师们在旁边背着客人击鼓，坐在 0 号位的人手持一枝红梅花，按同一方向(例如顺时针方向)依次将梅花传给下一人，鼓声突然停止时花在谁的手里，就罚谁饮酒并按规定表演节目。下一轮即从罚酒的人出发，继续击鼓传花。

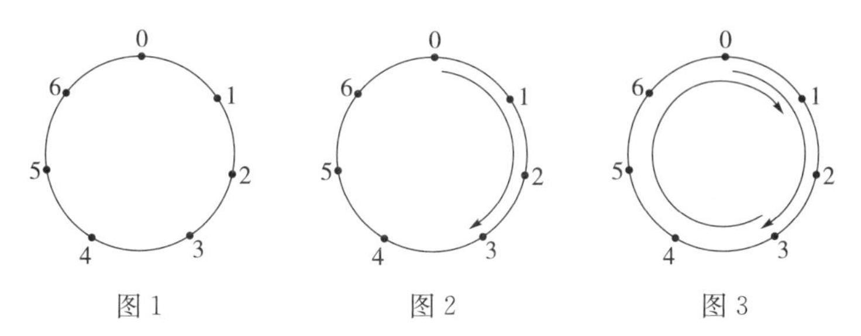

图 1　　　　图 2　　　　图 3

如图 1，表示 7 位客人对号入座。如图 2，如果花恰好由 0 转过 3 个座位到达 3 时，鼓声停止，即罚 3 号客饮酒一杯。下一转轮即从 3 开始继续击鼓、传花。设由 3 出发转过 5 个座位，因花已转了一圈到达 1，所以不是由 5 而是由 1 饮酒一杯，如图 3。下一轮又从 1 开始进行。

也许，你不曾想到，这个小小的酒令，却蕴含着现代数学中一个极为重要的、极有用的概念，即有限群的概念。

什么叫有限群呢？

仍以 7 个人围桌行令为例。

设一次击鼓，花由 0 座传了 x 个座位，把 x 用 7 除的余数记作 $\bar{x}$，即 $x\equiv\bar{x}\pmod 7$，$\bar{x}=0$，1，…，6，则按规定由 $\bar{x}$ 座客人饮酒。因此，不管击鼓传花从座位 0 转过了多少位置，结果不外乎“$\overline{0}$(饮酒)”，“$\overline{1}$(饮酒)”，…，“$\overline{6}$(饮酒)”等 7 种。我们把这 7 种结果简单地记作$\overline{0}$，$\overline{1}$，$\overline{2}$，$\overline{3}$，$\overline{4}$，$\overline{5}$，$\overline{6}$，并将它们组成一个集合 G：

$$G=\{\overline{0},\ \overline{1},\ \overline{2},\ \overline{3},\ \overline{4},\ \overline{5},\ \overline{6}\}$$

(1)假定连续两次击鼓，第一次转了 x 个位置(应由 $\bar{x}$ 饮酒)，第二次转了 y 个位置(如果是从$\overline{0}$座开始，则由 $\bar{y}$ 饮酒)，共转了$(x+y)$个位置，若 $x+y\equiv\bar{z}\pmod 7$，则由 $\bar{z}$ 饮酒。因此连续两次击鼓，可以看作两个一次击鼓的和，即

$$\bar{x}(\text{饮酒})+\bar{y}(\text{饮酒})=\bar{z}(\text{饮酒})$$

此处 $\bar{x}\equiv x\pmod 7$，$\bar{y}\equiv y\pmod 7$，$\bar{z}\equiv z\pmod 7$，且 $0\leqslant\bar{x}$，$\bar{y}$，$\bar{z}\leqslant 6$，这表明 G 中可以定义一个二元运算，而且这个运算是封闭的。

(2)由于数的加法运算满足结合律：

$$(x+y)+z=x+(y+z)$$

所以 $$(x+y)+z=x+(y+z)\equiv\bar{t}\pmod 7$$

这意味着，G 的运算满足结合律。

(3)如果在两次击鼓中，有一次(无论是第一次还是第二次)转动了 $n\equiv 0\pmod 7$ 个位置，另一次转动了 x 个位置，因为 $x+0\equiv 0+x\equiv\bar{x}\pmod 7$，总是由 $\bar{x}$ 饮酒，这意味着 G 的元素 0 具有性质：

$$\bar{x}+\bar{0}=\bar{0}+\bar{x}$$

对 G 中任意的 $\bar{x}$ 都成立。$\bar{0}$ 称为 G 的单位元。

(4)如果一次击鼓是 $\bar{x}$ 饮酒，下一次总有一个办法使 $\bar{0}$ 饮酒，因为只要下一次击鼓再转过 $\bar{y}$ 个位置，使 $\bar{x}+\bar{y}\equiv\bar{0}\pmod 7$ 就可以了。G 中满足条件 $\bar{x}+\bar{y}\equiv\bar{0}\pmod 7$ 的两个元素 $\bar{x}$，$\bar{y}$ 叫作互为逆元。

数学家把这些内容抽象出来，给出了群的概念：

设 G 是一个非空集合，在 G 中规定了一种二元运算(通常称为“乘法”)，且满足下面 4 个条件：

(1)乘法运算封闭。即若 $a\in G$，$b\in G$，则其积 $c=ab\in G$。

(2)乘法满足结合律。即对任意的 a，b，$c\in G$，都有 $(ab)c=a(bc)$。

(3)G 中有一个单位元。即有一个 $e\in G$，对任意的 $a\in G$，都有 $ea=ae=a$。

(4)G 中每一个元素都有逆元。即对所有的 $a\in G$，存在 G 中一个元素 b(记作 $b=a^{-1}$)，使 $ab=ba=e$。

例 请读者自行验证，由 1 与 -1 组成的集 $G=\{-1, 1\}$ 对于普通乘法运算做成一个群。1 是 G 的单位元。1 有逆元 1，-1 有逆元 -1。

现在来谈谈由瓷砖铺地引起的另一个群。我们规定对等腰直角三角形瓷砖可以做三种操作：

将三角形保持不变的操作，记作 I(图 4－a)；

将三角形绕直角顶点逆时针旋转 90°的操作记作 r(图 4－b)；

将三角形绕其斜边中点旋转 180°的操作记为 s(图 4－c)。

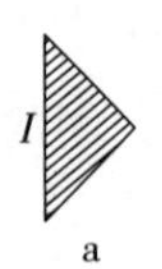

a

r

b

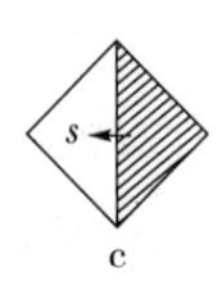

c

图 4

连续进行两次操作的结果，称为它们的积，如图 5，分别表示 rr，es，sr，rs。

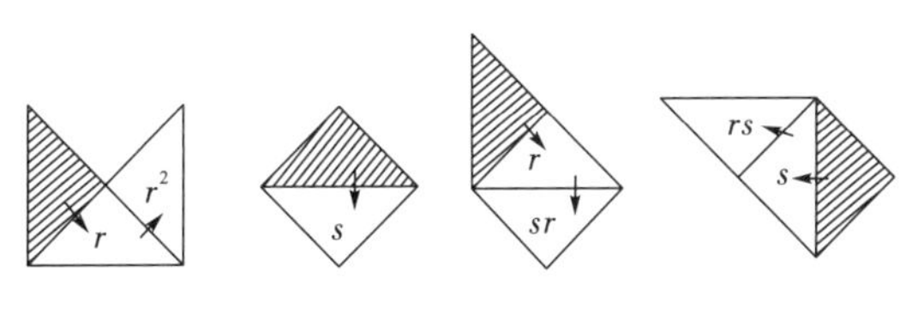

图 5

现在将三个基本操作 I，r，s，以及它们的各种形式的乘积，如 r^3，s^2，sr^2s，srs^3，…，记作一个集合：

$$G=\{I, r, s, r^2, s^2, rs, sr, \cdots\}$$

定义 G 的运算就是连续进行这两种操作。那么 G 对运算做成一个群。因为

(1)运算显然是封闭的。

(2)运算满足结合律。例如，以 srs 为例：如图 6，显然有 $s(rs)=(sr)s$。

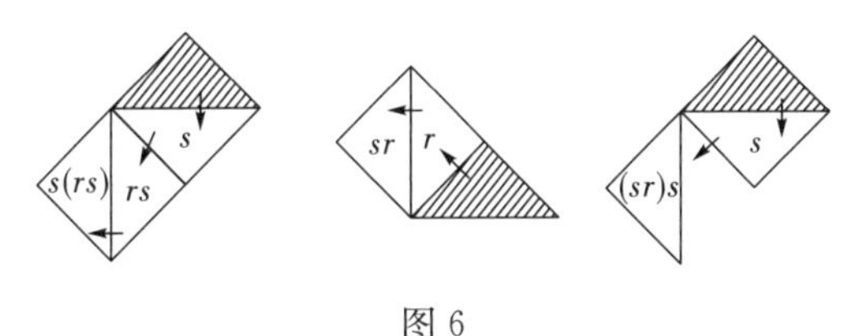

图 6

(3)I 是 G 的单位元。

(4)对于 G 中的任一元素都有逆元。因为由图 4 知 $r^4=I$，$s^2=I$，$(rs)^2=I$，等等，对于 G 中的任一元如 $a=r^3s^5r$，那么取 $a'=r^3sr$，则有 $aa'=(r^3s^5r)(r^3sr)=r^6s^6r^2=I$，即 G 中任一元素都有逆元。

因此，G 是一个群。

这个群称为平面对称群，俗称糊墙纸群。

加减乘除

《红楼梦》第七十五回再一次写了“击鼓传花”的酒令。我们在上一篇文章已经指出，“击鼓传花”与同余有密切的关系，同余则与除法有关。《红楼梦》第五回警幻仙子十二支曲中有“正是乘除加减，上有苍穹。”这里所说的除法，指的是人生得失成倍数的缩小。

通常人们很自然地认为，做除法的时候，商数比余数更为重要。例如5人合伙打工赚了80301元，每人应平分多少，需要做除法80301÷5，它的商数16060，余数1。在这里，每人的平均数即商数16060是重要的，至于余数1，则无关紧要，甚至可以略而不计！但有时候，余数反而比商数更为重要。例如，张老师每周星期二和星期四有课，校长问他，25天之后能否出席校外的一次学术座谈会，但不能调课。今天是星期一，张老师掐指一算，25除以7的余数为4，便毫不犹豫地答应了。他关心的只是余数为4，至于商数是多少则是无须考虑的。

正因为余数的重要性，数学中才产生了“同余式”理论。本篇再谈谈同余式的几个应用。

例1 我们都知道，要判断一个大数能否被9整除，只要看它的各位数字之和能否被9整除，例如38691的各位数字之和为3＋8＋6＋9＋1＝27，27能被9整除，所以38691也能被9整除。

道理在哪里呢？因为我们可以证明下面的定理：

定理 一个正整数能被9整除的充要条件是它的各位数字之和能被9整除。

证明 设正整数 A 的十进制表示为:

$$A=a_n10^n+a_{n-1}10^{n-1}+\cdots+a_110+a_0$$

因为 10^n，10^{n-1}，…，10 用 9 除的余数都是 1，即 $10^k\equiv1(\text{mod}9)(k=1,2,\cdots,n)$，所以 $a_k10^k\equiv a_k(\text{mod}9)(k=1,2,\cdots,n)$。于是

$$\begin{aligned}A&=a_n10^n+a_{n-1}10^{n-1}+\cdots+a_110+a_0\\&\equiv a_n+a_{n-1}+\cdots+a_1+a_0(\text{mod}9)\end{aligned}$$

因为 $a_n+a_{n-1}+\cdots+a_1+a_0\equiv0(\text{mod}9)$，所以 $A\equiv0(\text{mod}9)$，即 A 能被 9 整除。反之亦然。

例 2 一家包点店出售的包点分 3 个一袋和 5 个一袋两种包装，规定 8 个起购，售价 10 元。证明：一个顾客不管购买多少个包点，只要达到了起购数 8 个，都可用整袋的包点发货，而不必拆散包装。

证明 显然，我们只要能证明当 $n\geqslant8$ 时，能找到两个非负整数 p，q，使 $n=3p+5q$ 即可。店家可以用 p 袋 3 个装的和 q 袋 5 个装的包点拼成 n 个。因 $n\geqslant8$，则 n 可以写作

$n=3k+r$ $(k\geqslant2,\ 0\leqslant r\leqslant2)$，

当 $r=0$，则 $n=3k$，命题已经成立；

当 $r=1$，因 $n\geqslant8$，故 $k\geqslant3$，则 $n=3k+1=3(k-3)+9+1=3(k-3)+5\times2$，命题也成立；

当 $r=2$，则 $n=3k+2=3(k-1)+3+2=3(k-1)+5\times1$，命题也成立。

综上所述，对所有的 $n\geqslant8$，命题的结论都成立。

数论中有一个定理:

定理 在二元一次不定方程

$$ax+by=n,\ (a,\ b)=1,\ a>0,\ b>0 \qquad ①$$

中，当 $n>ab-a-b$ 时，方程①有非负整数解；当 $n=ab-a-b$ 时则不然。

$ab-a-b$ 称为 a，b 的最大不可表数，即不能写作 $ax+by=n(x\geqslant0,y\geqslant0)$形式的最大整数。当 $a=3$，$b=5$ 时，$ab-a-b=3\times5-3-5=7$，所以 7 是不能写成 $3x+5y(x\geqslant0,y\geqslant0)$的最大整数，对一切 $n\geqslant8$ 的整数，一定是可表的。

例 3 有 8 个篮球队进行循环赛，即每两队之间都要进行一场比赛，一共需要进行 8×7÷2=28(场)比赛。为了保证运动员休息好，规定每天每队只赛一场。因为每个队都要比赛 7 场，所以，至少要 7 天才能赛完。但 8 个队每天可安排 4 场比赛，28 场比赛能不能在 7 天安排下去？如果可能，怎样排出比赛的日程表？

这个问题的答案是肯定的，但要具体排出比赛的日程表却并不那么容易。如果利用同余式，却有一个很简单的排法程序。

把 8 个队依次编号为 1，2，3，4，5，6，7，8，先不考虑第 8 队，只考虑 1～7 队的比赛，如果

$$i+j\equiv k \pmod{7}$$

就安排第 i 队和第 j 队在第 k 天比赛。例如 3+5=8，用 7 除余数为 1 就安排第 3 队和第 5 队在第 1 天比赛。2+4=6，用 7 除余数为 6，就安排第 2 队和第 4 队在第 6 天比赛。这样安排后，每一队都安排了 6 场比赛，必定有一天没有安排，这一天就让它和第 8 队比赛。于是，比赛的日程表就安排好了。在这个表中，每天恰好进行 4 场比赛，每队恰好各赛 7 场，也绝不会出现某队一天中有两场比赛的情况。有兴趣的读者，不妨自己去试一试。

例 4 任取 5 个正整数，可以证明：在其中一定可以找到 3 个数，使它们的和能被 3 整除。

分析 任何一个正整数被 3 除后，余数不外乎是 0，1，2 三者之一。如果这 5 个数中有三个的余数之和能被 3 整除，那么这三个数本身之和也一定能被 3 整除。取模 3 的一个剩余系{0，1，2}考虑：

(1)如果 5 个数中余数为 0，1，2 的各有一个，那么只要分别取余数为 0，1，2 的数各一个，则其和为 0+1+2=3，能够被 3 整除。

(2)如果 5 个数中有某一余数不出现，那么其余两个余数中至少有一个不少于 3 个，不妨设为 r，那么只要取这 3 个余数，则其和为 $r+r+r=3r$ 也能被 3 整除。

这就证明了我们的结论。这个问题可以做如下的推广：

在 $2n-1$ 个正整数中，一定能找到 n 个数，使其和能被 n 整除。

这样一推广就不是一个简单问题了，我国数学家柯召、孙琦在他们1980出版的《初等数论100例》的小册子中，把它作为一个未解决的数论问题提出，引起了许多数学家的兴趣，给出了一些新的证明。特别值得一提的是，东北师范大学一位81级的在校学生高维东对这个问题给出了一个简洁的初等证明。

证明 将 n 分解为质因数的乘积：

$n=p_1p_2\cdot\cdots\cdot p_m(p_1\leqslant p_2\leqslant p_3\leqslant\cdots\leqslant p_m$，$p_i$ 为质数，$i=1,2,\cdots,m)$ ①

我们把①中的 n 称为"m 乘数"，若 n 能使本命题结论成立，简称"n 可选"，下面对 m 用数学归纳法证明，对一切正整数 n，n 可选。

当 n 为1乘数即质数时，记 $n=p$。

反设 p 不可选，则在 $2p-1$ 个正整数中，所有的 p 元和

$$a_{i1}+a_{i2}+\cdots+a_{ip}$$

都不能被 p 整除，因而与 p 互素，由欧拉定理有

$$(a_{i1}+a_{i2}+\cdots+a_{ip})^{p-1}\equiv1(\bmod p) \qquad ②$$

因为从 $2p-1$ 个数中取 p 个数的方法有 C_{2p-1}^{p} 种，所以

$$\sum(a_{i1}+a_{i2}+\cdots+a_{ip})^{p-1}\equiv C_{2p-1}^{p}(\bmod p) \qquad ③$$

其中 $\sum(a_{i1}+a_{i2}+\cdots+a_{ip})^{p-1}$ 表示②式左边所有可能项的和。

$a_{i1}^{\alpha_1}a_{i2}^{\alpha_2}\cdots a_{ik}^{\alpha_k}(k\leqslant p,\ \alpha_1+\alpha_2+\cdots+\alpha_k=p-1,\ 1\leqslant i_1<i_2<\cdots<i_k\leqslant 2p-1)$ ④

考察④中各项的系数。因为 α_1 个 a_{i1} 可在②式左边的 $p-1$ 个因式中任意 α_1 个中提出，有 $C_{p-1}^{\alpha_1}$ 种方式，α_2 个 a_{i2} 可在剩余的 $p-1-\alpha_1$ 个因式中提出，有 $C_{p-1-\alpha_1}^{\alpha_2}$ 种方式，…，如此继续，α_k 个 a_{ik} 可在剩下的 $p-1-\alpha_1-\alpha_2-\cdots-\alpha_{k-1}$ 个因式中提出，有 $C_{p-1-\alpha_1-\alpha_2-\cdots-\alpha_{k-1}}^{k}$ 种方式。另外还有未出现的 a_i 可以从 $2p-1-k$ 中任选 $p-k$，又有 C_{2p-1-k}^{p-k} 种方式。故④中每项相应的系数为

$$C_{2p-1-k}^{p-k}C_{p-1}^{\alpha_1}C_{p-1-\alpha_1}^{\alpha_2}\cdots C_{p-1-\alpha_1-\alpha_2-\cdots-\alpha_{k-1}}^{\alpha_k} \qquad ⑤$$

因为 $C_{2p-1-k}^{p-k}=C_{2p-1-k}^{p-1}=\dfrac{(2p-1-k)(2p-2-k)\cdots(p+1)p}{(p-k)!}=tp(t\in\mathbf{N}_+)$。

(因 p 为素数，$(p-k)!$ 中每一个因数都小于 p，p 不能约去。)

这意味着⑤中每一项都是 p 的倍数，从而③式展开后每一项的系数都是

p 的倍数。从而

③式左边$\equiv 0(\mathrm{mod}\ p)$。

③式右边$\equiv C_{2p-1}^{p}=C_{2p-1}^{p-1}=\frac{(2p-1)(2p-2)\cdots(p+1)}{(p-1)!}\not\equiv 0(\mathrm{mod}\ p)$。

这一矛盾证明了当 $m=1$ 时，即 $n=p$ 为 1 乘数时，n 可选。

归纳假定当 n 为一个 m 乘数时，n 可选，则当 n 为一个 $m+1$ 乘数时，不妨设 $n=pq$，q 为一 m 乘数，p 为一质数。

在 $2n-1=2pq-1$ 个数中，根据归纳假设，可选出 q 个数，其和 A_1 被 q 整除，记为 $A_1=qB_1$，在剩下的$(2p-1)q-1$ 个数中，又可选出 q 个数，其和能被 q 整除，记为 $A_2=qB_2$，…，如此继续，进行了 $2p-2$ 次选出之后，还剩下 $2q-1$ 个数，仍可选出 q 个数，其和 A_{2p-1} 能被 q 整除，记为 qB_{2p-1}。

因 p 为 1 乘数，在 B_1，B_2，…，B_{2p-1} 这 $2p-1$ 个数中，一定可选出 p 个数其和被 p 整除，不妨设为 B_1，B_2，…，B_p，即

$p\mid(B_1+B_2+\cdots+B_p)\Rightarrow pq\mid(qB_1+qB_2+\cdots+qB_p)\Rightarrow pq\mid(A_1+A_2+\cdots+A_p)$。

$A_1+A_2+\cdots+A_p$ 中恰是 pq 个数之和，故命题的结论对 n 是 $m+1$ 乘数时也成立，这就完成了归纳法的证明。

猜拳行令

《红楼梦》写了太多酒宴，真是三天一小宴，五天一大宴。宴会上往往还要猜拳行令，助兴取乐。有的酒令粗旷通俗，有的酒令则温文尔雅。但是从数学的观点看，许多酒令中也包含着太多的数学问题，试略举数例，并逐一说明之。

1. 鸳鸯三宣牙牌令

第四十回鸳鸯三宣牙牌令，它的玩法是怎样的，且听鸳鸯的说法："如今我说骨牌副儿，从老太太起，顺领说下去，至刘姥姥止。比如我说一副儿，将这三张牌拆开，先说头一张，次说第二张，再说第三张，说完了，合成这一副儿的名字。无论诗词歌赋，成语俗话，比上一句，都要叶韵。错了的罚一杯。"

行令官对每个受令者一次取三张骨牌，分左、中、右排列成为一个"副儿"，用数学语言来说则是一个"有序三元组合"。

这里提出了一个数学问题：用 32 张骨牌可以在行令时组成多少种不同的"副儿"，即三张牌的"有序三元组合"有多少个？

一副骨牌共有 32 张，分 17 种花色，除了"3 点"和"6 点"各只有一张外，其余的 30 张牌分成 15 对，每对都有两张(如两个 9 点，虽然形式不一样都算相同)。

所以三张牌的组合有两种大类型：

(1)有两张牌是相同的；

(2)三张牌都不相同。

出现情况(1)时的组合数可以这样计算：两张相同的牌可以在15对中任选1对，有15种选法；另一张可以在剩余的16种不同的牌中任选1张，有16种选法，共有15×16种选出三张牌的方法。但在每一种选法中，单张的牌又分为左、中、右三种不同位置，所以(1)中的三张组合共有$16\times15\times3$种。

出现情况(2)时的组合数则应该这样计算：左边一张可以在17种不同的牌中任选1张，有17种选法；中间1张可以在剩余的16种不同的牌中任选1张，有16种选法；右边1张可以在剩余的15种不同的牌中任选1张，有15种选法。根据乘法原理，共有$17\times16\times15$种不同的方法。

因此，根据加法原理，由三张骨牌做成的组合总数共有

$$16\times15\times3+16\times15\times17=16\times15\times20=4800(\text{种})$$

对于不识字或识字不多的令官鸳鸯来说，要记住这么多“副儿”的名词实在不容易。

2. 猜拳

《红楼梦》里还多次写到猜拳，如第六十二回史湘云不耐烦行“射覆”之类

的酒令，吵着要去“拇战”即猜拳。

酒令里最粗犷的是猜拳，猜拳(也叫划拳)则是民间最常见也是最简单的博弈性酒令方式，划拳历史悠久，遍及各地，只要有两人以上就可以进行。划拳的方法是：两人同时伸出几个指头(从0个到5个)，并同时(根据自己的估计)喊出两人伸出的手指数之和，猜中者为胜，对方则要罚酒。划拳时口中猜数，手指示数，动作、语言皆表数，是一种罕见的与数发生双重密切联系、围绕数而进行的游戏。这种行令方式，既靠偶然机遇，也要进行斗智，通过察言观色，利用眼神、表情、体态，特别是说数时腔调的高低、疾徐、强弱、断续等变化，发出暗示，施加干扰，影响对方心理，使之伸出手指数符合自己的要求。

划拳还有一个更重要的数学问题，是不能不考虑的。两个划拳者所伸出的手指数之和，虽然带有随机性，但是有一定的概率分布，不同的数出现的概率是不同的。

不难计算出两人猜拳时各数出现的概率。用(m, n)表示两个猜拳人甲与乙分别伸出的手指数，如(3，5)表示甲伸出3根手指，乙伸出5根手指，称为一个状态。因为每人都可以伸出0，1，2，3，4，5根手指，分别有6种可能情况，所以共有6×6=36(种)状态。那么

出现0的状态只有1个：(0，0)，

出现1的状态共有2个：(1，0)，(0，1)；

出现2的状态共有3个：(2，0)，(1，1)，(0，2)；

出现3的状态共有4个：(3，0)，(2，1)，(1，2)，(0，3)；

出现4的状态共有5个：(4，0)，(3，1)，(2，2)，(1，3)，(0，4)；

出现5的状态共有6个：(5，0)，(4，1)，(3，2)，(2，3)，(1，4)，(0，5)；

出现6的状态共有5个：(5，1)，(4，2)，(3，3)，(2，4)，(1，5)；

出现7的状态共有4个：(5，2)，(4，3)，(3，4)，(2，5)；

出现8的状态共有3个：(5，3)，(4，4)，(3，5)；

出现 9 的状态共有 2 个：(5，4)，(4，5)；

出现 10 的状态共有 1 个：(5，5)。

由此可见，各个数字出现的概率如下表：

状态	0	1	2	3	4	5	6	7	8	9	10
概率	$\frac{1}{36}$	$\frac{2}{36}$	$\frac{3}{36}$	$\frac{4}{36}$	$\frac{5}{36}$	$\frac{6}{36}$	$\frac{5}{36}$	$\frac{4}{36}$	$\frac{3}{36}$	$\frac{2}{36}$	$\frac{1}{36}$

手指数之和出现“5”的概率最大，为$\frac{6}{36}$；其次为“4”和“6”，出现概率为$\frac{5}{36}$；出现概率最小的是“0”和“10”，只有$\frac{1}{36}$。所以猜拳时多猜“5”“4”“6”等有利。

其实上表中所列的概率只有理论上的意义。猜拳者常常会受到心理作用的暗示，偏爱或忌讳伸出几个指头，使得某些状态出现的概率受到很大影响。

我们现在讨论另一个类似于猜拳的游戏：

甲乙两人伸出手指，每次可以伸出 1 个或 2 个手指。如果两人伸出手指的数目之和为偶数，则甲胜；否则乙胜。胜方得分等于两人所出手指数目之和。甲、乙所得的分值如表所示(正数表示甲得分，负数表示乙得分)：

乙＼甲	1	2
1	2	−3
2	−3	4

试分析这个游戏对谁有利。

如果各人伸出手指的数目完全是随机的，即伸出 1 个或 2 个手指的概率都是 0.5，那么每局中甲的平均得分(数学期望)为

$$0.5\times(2-3-3+4)=0$$

所以可以认为这个游戏是公平的。

但游戏的各方可以调整自己伸出不同数目的手指的概率，即采用不同的策略，使自己所得的分值更高，因而使游戏对自己有利。

设甲、乙伸出1个或2个手指的概率分别为 p_1，p_2 和 q_1，q_2（$p_1+p_2=q_1+q_2=1$），则甲每局的平均得分为

$$\begin{aligned}E&=2p_1q_1-3p_2q_1-3p_1q_2+4p_2q_2\\&=2p_1q_1-3(1-p_1)q_1-3p_1(1-q_1)+4(1-p_1)(1-q_1)\\&=12p_1q_1-7p_1-7q_1+4\end{aligned}$$

如果乙取 $q_1=\frac{7}{12}$，那么 $E=-\frac{1}{12}$，这时，乙的平均得分为 $\frac{1}{12}$。注意乙的这个平均得分不依赖于 p_1，p_2 的值，即与甲选择的策略无关。但若甲取 $p_1=\frac{7}{12}$，则同样有 $E=-\frac{1}{12}$，这时无论乙采取何种策略，平均看来甲都失分。综上所述，可以认为这个游戏规则对乙有利。

3. 骰盘令

《红楼梦》第一〇八回写到，贾府在政治和经济上受到沉重的打击之后，阖府上下都愁眉苦脸，惶惶不可终日。贾母趁给薛宝钗做生日的机会，备办了酒席，让大家快乐一天。在酒席上大家总不像往日那样欢笑。于是，贾宝玉向贾母建议行一酒令取乐。鸳鸯想到了拿盆骰子掷个曲牌名儿赌输赢喝酒。

鸳鸯玩的酒令叫“骰盘令”。这个酒令的玩法是：一次掷4枚骰子，如果掷出的状态是没有名的，则掷者罚酒一杯；如果掷出的状态是有名字的，则按名字的规定饮酒。

这一酒令一共能掷出多少种不同的状态呢？这些不同的状态会以怎样的概率发生呢？

因为四个骰子同时掷出，没有先后之分，因此骰子可以看作是没有区别的。用1，2，3，4，5，6表示各面的点数，那么

出现“4 A”(即四个骰子点数相同)的情况有6种可能，即在1，2，3，4，5，6六点中任选一点的方法有 $C_6^1=6$(种)；

出现“3A1B”的情况有30种可能，即在1，2，3，4，5，6六点中任选一点为 A 的方法有 $C_6^1=6$ 种，再选一点为 B 的方法有 $C_5^1=5$(种)，共有6×

$5=30$(种)。也可以这样计算：在1，2，3，4，5，6六点中任选2点为A，B的方法有$C_6^2=15$(种)，再在A，B两点中选一点为A有2种方法，共有$15\times2=30$(种)方法。

出现“$2A2B$”的情况有15种可能，即在1，2，3，4，5，6六点中任选两点为A，B的方法有$C_6^2=6\times5\div2=15$(种)方法。

出现“$2A1B1C$”的情况有60种可能，即在1，2，3，4，5，6六点中任选一点为A的方法有$C_6^1=6$(种)，再从其余5点中选取两点为B，C的方法有$C_5^2=10$(种)，共有$6\times10=60$(种)。

出现“$1A1B1C1D$”的情况有15种可能，即在1，2，3，4，5，6六点中任选4点为A，B，C，D的方法有$C_6^4=C_6^2=15$(种)。

因此掷四枚骰子可能出现的状态种数有$6+30+15+60+15=126$(种)。

斗草飞花

古代少女们常玩斗草的游戏。斗草是少女们在一起玩时，每人采集各种花草，然后比较谁采得的品种多，花色美。《红楼梦》第六十二回写小螺和香菱、芳官、蕊官、藕官、荳官等四五个人满园玩了一回，玩起了“斗草”游戏，大家采了些花草来兜着，坐在花草堆里斗草。这一个说：“我有观音柳。”那一个说：“我有罗汉松。”那一个又说：“我有君子竹。”这一个又说：“我有美人蕉。”这个又说：“我有星星翠。”那个又说：“我有月月红。”这个又说：“我有《牡丹亭》上的牡丹花。”那个又说：“我有《琵琶记》里的枇杷果。”……

“斗草”是过去民间少女们春日最喜爱的游戏之一。春日郊游的时候，花草散发着醉人的馨香，娇憨的少女们专注地投入到花草的“角斗”中，采集花草种类最多、品色俱美的最终胜出，胜出者会感到无比兴奋。晏殊《破阵子·春景》写道：“巧笑东邻女伴，采桑径里逢迎。疑怪昨宵春梦好，元是今朝斗草赢，笑从双脸生。”这种简单的游戏何以让少女们如此投入？大约是因为那些动听的花草名暗合了少女心中莫名涌动而又无法言说的纯真情怀。“合欢枝”“相思子”“并蒂莲”“夫妻蕙”……何尝不是对花样年华的隐喻，对美好未来的憧憬。

春天，在那惠风和畅、百花竞放的花园里，可以尽情地玩“斗草”游戏。如果是冬天，人们窝在家里围炉取暖，饮酒御寒，大观园里的那些姑娘们，也许就去玩“飞花令”的游戏了。

“飞花令”是古人在饮酒时的一种特有的助兴文字游戏，其名字来源于唐代诗人韩翃的诗句“春城无处不飞花”。

不久以前，某电视台还播放过“飞花”竞赛的节目。比如说，酒宴上甲说一句第一字带有“花”的诗句：“花近高楼伤客心”，乙要接上一句第二字带“花”的诗句，如“落花时节又逢君”。丙可接“春江花朝秋月夜”，“花”在第三字位置上。丁可接“人面桃花相映红”，“花”在第四字位置上。再往下去可接“不知近水花先发”“出门俱是看花人”“霜叶红于二月花”等。当“花”到了第七个字的位置上则一轮完成，可继续循环下去。行令人一个接一个，当说不出诗或说错时，由酒令官命令其喝酒。在酒宴上，行令方式还可以有一些变化。

飞花令虽然属于雅令，但《红楼梦》里的飞花令却是雅俗与共的。如第二十八回写贾宝玉与蒋玉菡等人行飞花令助酒取乐，参加者有各种不同身份的人。

世易时移，这种飞花令的文字游戏也可移植到数学中来，玩一些以数学为背景的数学游戏。

比如说，下面这些数学游戏都不太难，可以用作飞花令的内容。

(1)凑成 100

将 1，2，3，4，5，6，7，8，9 排成一行，在中间插入“+”和“−”运算符号，使所得结果为 100。如

$$1+2+3-4+5+6+78+9=100$$

这个问题有许多衍生版本，也有允许使用加减法之外的运算符号的。将此游戏用作飞花令，写不出或写错等式的罚酒，表演节目。

(2)24 点游戏

将一副扑克牌中的大小王去掉，对其余 52 张牌不考虑花色，只计其点数，并规定 $A=1$，$K=13$，$Q=12$，$J=11$。行令时令官随机抽出 4 张牌，飞花者用这 4 张牌上的点数通过加减乘除运算得出 24，列不出正确算式或算错者罚酒。例如若某甲抽到的 4 张牌是 5，5，5，1，则他可以列出如下的算式：

$$5\times5-(5\div5)=5\times5-5\times\frac{1}{5}=25-1=24$$

(3)接写数列

第一人任意写出一个数列的前两项，其余的人接着写第三项、第四项……由于没有数列的通项公式，也没有说明数列的构造规律，根据一个数列的前若干项，并不能完全确定下一项是什么数。接写的人可以自由填写，但必须“言之成理，持之有据”，使已经填出的数符合某一数列的规则(但不能同于前一个人所用的规则)。例如，

第一人写出：1，2；

第二人接着写：1，2，3($a_n=a_{n-1}+a_{n-2}$)；

第三人接着写：1，2，3，7($a_n=a_{n-1}\times a_{n-2}+1$)；

第四人接着写：1，2，3，7，13($a_n=a_{n-1}+a_{n-2}+a_{n-3}+1$)；

……

(4)火柴游戏

例1 用40根火柴组成一个有16个方格的大正方形(图1)，大小加起来共30个正方形。能不能除去9根火柴，使正方形完全不存在?

例2 用16根火柴组成的图形(图2)，你有办法拿走其中的4根，让这个图形变成4个大小相等的三角形吗?

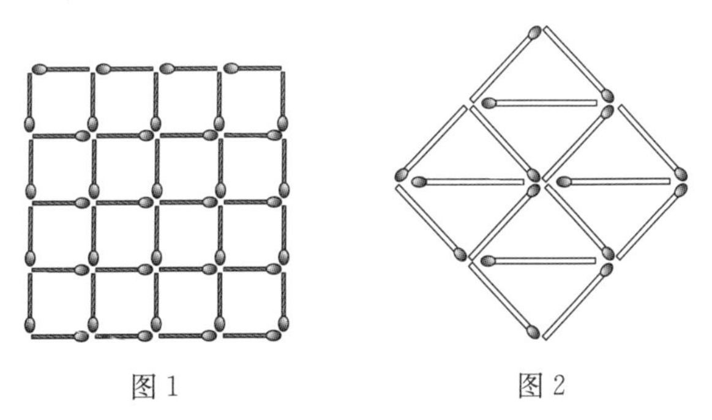

图1　　图2

(5)过五关、斩六将

例3 由出发点开始，经过每一关时，从“+”“-”“×”“÷”中选一个符号，对相邻的两个数字进行运算，到达目的地时，答案恰好是1，你知道该

怎样过关吗？

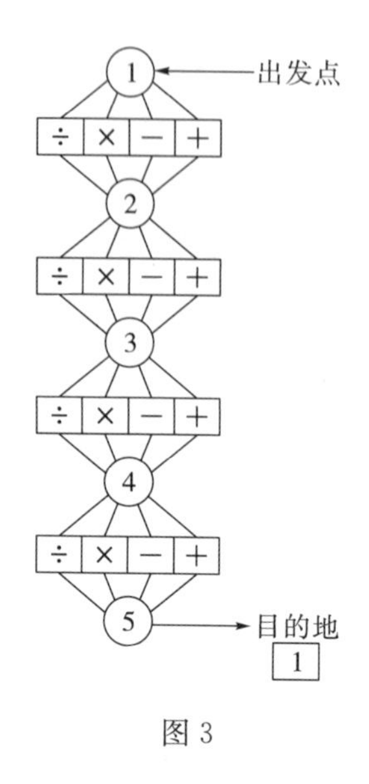

图 3

(6)用数表数

一些数学资料中都有记载，在四个相同的数字之间例如四个 4 或四个 9 或者其他四个相同数学之间插入加、减、乘、除、括号等运算符号，使其运动的结果得到一个预先给定的正整数。例如：

$$13=11+1+1$$

$$18=77\div 7+7$$

$$68=4\times 4\times 4+4$$

$$80=9\times 9-9\div 9$$

为了扩大用相同的四个数字表数的的功能，还可以考虑允许使用“$\sqrt{\ }$”(平方根号)、“!”(阶乘)、“[ ]”(取整)等符号以扩大表数功能。

我们可以利用正整数这一特点作为飞花令的素材。

两人玩飞花令时，甲先提出一个正整数 n(数的大小在行令前规定的范围之内，例如不超过 100)，然后他的对手乙可在九个数字 1，2，3，4，5，6，7，8，9 中任选一个，例如 a，然后在四个 a 之间插入加减乘除及括号等使计算结果得出 n。如果乙在规定时间内做不出来或做错了，则罚乙饮酒；如果乙做对了，则甲与乙交换角色，继续进行。

(7)猜数学谜

谜面是一道数学题，谜底是四个字的成语。用作飞花令时，令官出题，并用掷骰子数点的办法决定谁解题谁猜谜，算错或猜错者罚酒，表演节目。

例 4 算出塔顶有几盏灯，然后以答案为谜面，打一四字成语。

远望巍巍塔七层，红光点点倍加增。

共灯三百八十一，试算塔尖几盏灯？

解 设塔顶有 1 盏灯，则以下各层依次有 2，4，8，16，32，64 盏灯，共有：$1+2+4+8+16+32+64=127$(盏)。所以塔顶有灯：$381\div127=3$(盏)。

谜底 “独一无二”。

因为“三”字无“二”，就剩下一个独“一”了。

例 5 算出本题答案，然后以答案为谜面，打一四字成语。

我有一壶酒，携着游春走。遇店添一倍，逢友饮一斗。

店友经三处，没了壶中酒。借问此壶中，当原多少酒？

解 如下图所示，设壶中原有酒 x 斗，第一次进店、遇友后，壶中有酒 $(2x-1)$斗；第二次进店、遇友后，壶中有酒$[2(2x-1)-1]$斗；第三次进店、遇友后，壶中有酒$\{2[2(2x-1)-1]-1\}$斗。

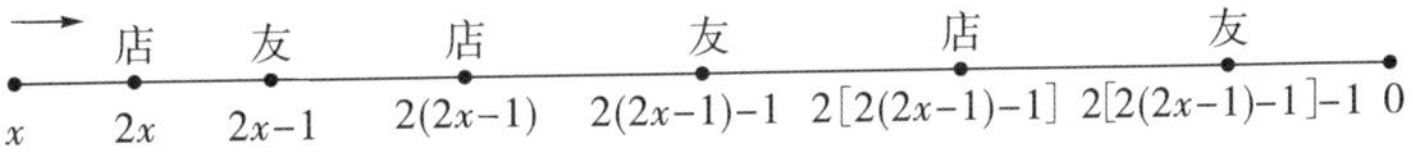

店 友 店 友 店 友

x $2x$ $2x-1$ $2(2x-1)$ $2(2x-1)-1$ $2[2(2x-1)-1]$ $2[2(2x-1)-1]-1$ 0

于是依题意得方程：

$$2[2(2x-1)-1]-1=0$$

解之，得 $x=\frac{7}{8}$(斗)。故壶中原有酒八分之七斗。

此题若直接设未知数列方程求解比较麻烦，不如把它改成对偶形式。即把题目反过来看，从最后“喝光了酒”出发，反过来往前推，把“饮一斗”改成“添一斗”，把“添一倍”改成“饮一半”，并且把“店”改成“友”，“友”改成“店”，这个诗题就可以改写成它的对偶形式，答案并未改变，但解题思路更直接了，运算步骤更简单了：

乘兴去游春，提着空壶走。遇友饮一半，逢店添一斗。

店友经三处，壶中仍剩酒。借问此壶中，现余多少酒。

根据对偶诗，则可以直接写出答案：

$$\left[\left(1\times\frac{1}{2}+1\right)\times\frac{1}{2}+1\right]\times\frac{1}{2}=\left[\frac{3}{2}\times\frac{1}{2}+1\right]\times\frac{1}{2}=\frac{7}{4}\times\frac{1}{2}=\frac{7}{8}\text{（斗）}$$

←友　店　友　店　友　店

$\frac{7}{4}\div 2=\frac{7}{8}$　$\frac{3}{4}+1=\frac{7}{4}$　$\frac{3}{2}\div 2=\frac{3}{4}$　$\frac{1}{2}+1=\frac{3}{2}$　$1\div 2=\frac{1}{2}$　1　0

谜底　$\frac{7}{8}$的写法是“7”在上，“8”在下。故谜底可猜“七上八下”。

对点射覆

《红楼梦》第六十二回写探春等玩一种名为射覆的酒令。唐代李商隐的《无题·昨夜星辰昨夜风》诗中就有最早的射覆，是用器皿覆盖一物，让别人去猜测覆盖的物品是什么。在汉代，这种射覆很流行。电视连续剧《汉武大帝》中，就有一段汉武帝与众臣射覆的情节。秦汉之际，帝王多好长生之术，往往术士云集，其中不乏滥竽充数的。为了检验术士是不是真的“有术”，帝王往往用射覆的方式去测试他们，猜中者才被认为有术。《汉书·东方朔传》记载：汉武帝曾经让一些术数家射覆。器皿覆盖着一只守宫，所有的术士都射不中。大臣东方朔自我夸赞说：我曾经学过《易经》，让我来猜一猜。于是他用蓍草排了一个卦，然后对汉武帝说：我认为它是龙却无角，认为它是蛇又有脚，跂跂脉脉地善于攀缘墙壁，它不是守宫就是蜥蜴。汉武帝说“好啊!”，赏赐了东方朔十匹绢帛。

后来射覆逐渐演变为一种语言文字形式的游戏了。它的方式大抵是这样的：先轮流掷骰子，当两人掷出相同的点数时，便相互射覆。先掷的人为覆者，覆者先用诗文、成语或者典故隐喻酒厅中某一事物，射者则用隐喻该事物的另一诗文、成语或典故等揭出谜底。

《红楼梦》的描写基本上就是这样的，如第六十二回写道：

探春道：“我吃一杯，我是令官，也不用宣，只听我分派。”命取了令骰令盆来，“从琴妹掷起，挨下掷去，对了点的二人射覆。”宝琴一掷，是个三，岫烟宝玉等皆掷的不对，直到香菱方掷了一个三。宝琴笑道：“只好室内生春，若说到外头去，可太没头绪了。”探春道：“自然。三次不中者罚一杯。你覆，他射。”宝琴想了一想，说了个“老”字。香菱原生于这令，一时想不到，满室满席都不见有与“老”字相连的成语。湘云先听了，便也乱看，忽见门斗上贴着“红香圃”三个字，便知宝琴覆的是“吾不如老圃”的“圃”字。见香菱射不着，众人击鼓又催，便悄悄的拉香菱，教他说“药”字。……

今天看来，东方朔式的射覆虽然神秘，却未免荒诞；贾探春式的射覆虽然典雅，也不合时宜。但是还值得探讨的是这里面有一些数学问题。

一群人围桌饮酒，行令取乐，如果掷骰子对上点的过程太长，就会冷场，使大家索然无味。所以史湘云与贾宝玉等不参与射覆，而另外猜拳行令。如果每人对上点的频率太大，又会紧张，使人穷于应对。这都有悖于取乐的初衷。

《红楼梦》没有明说射覆时是掷一枚骰子还是两枚或两枚以上。也没有说明，“对点”是指任何两个人掷出的点数相同，还是后面掷点的人掷出的点数一定要与第一人掷出的点数相同，才算“对点”。从书上看：“宝琴一掷，是个三，岫烟宝玉等皆掷的不对，直到香菱方掷了一个三。”好像是一定要与第一人宝琴掷出的“三”相同，才算“对点”。即使肯定了是一定要掷出与第一人的点数相同，才算“对点”，仍然有地方没有说清楚。如果掷了一圈，仍然没有人掷出与第一人相同的点数，接下去怎么办？是宣布此次作废，另起炉灶呢？还是周而复始，继续往下掷骰子呢？如果继续往下掷，第一人是否参与投掷呢？如果参与的话，当他自己与自己对上了点又怎么办呢？是忽略不计，还是对其人另作处罚呢？

总之，情况有点复杂，书中却语焉不详，我们也不必去考证，只用数学思维分析一下：

第一种情况：任何两人掷出相同点数就算“对点”，投掷周而复始。

如果规定掷一枚骰子，那么出现的点数有 6 种：

1，2，3，4，5，6

根据抽屉原理，至少要掷$(6+1=)7$次，才能保证一定有两人对点(包括对点的是同一个人)。

任何人掷出某一点的概率都是$\frac{1}{6}$。因此，当第一人掷出某点之后，后掷者与之对点的概率也都是$\frac{1}{6}$。

第二次投掷不与第一人对点的概率为 $1-\frac{1}{6}=\frac{5}{6}$；

第三次投掷仍不与前面二人对点的概率为 $1-\frac{2}{6}=\frac{4}{6}$；

第四次投掷仍不与前面三人对点的概率为 $1-\frac{3}{6}=\frac{3}{6}$；

第五次投掷仍不与前面四人对点的概率为 $1-\frac{4}{6}=\frac{2}{6}$；

第六次投掷仍不与前面五人对点的概率为 $1-\frac{5}{6}=\frac{1}{6}$；

第七次投掷仍不与前面 6 人对点的概率为 0。

如果规定掷两枚骰子，那么出现的点数有 11 种：

2，3，4，5，6，7，8，9，10，11，12

根据抽屉原理，至少要掷(11＋1＝)12 次，才能保证一定有两人对点。

因为 11 种点数出现的概率并不相同，由下图可见，2 点与 12 点出现的概率为$\frac{1}{36}$，3 点与 11 点出现的概率为$\frac{2}{36}$，4 点与 10 点出现的概率为$\frac{3}{36}$，5 点与 9 点出现的概率为$\frac{4}{36}$，6 点与 8 点出现的概率为$\frac{5}{36}$，7 点出现的概率最大为$\frac{6}{36}$。

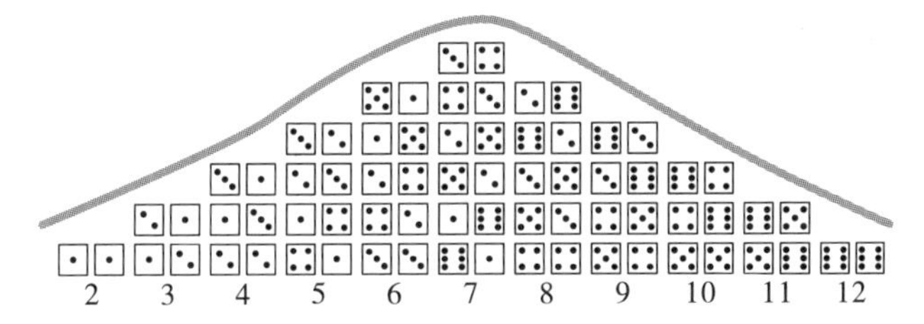

由于各点出现的概率不一样，后掷者与之对点的概率也要复杂一些，有兴趣的读者可自行计算。

第二种情况：只有后掷者掷出的点数与第一人相同时才算“对点”，投掷周而复始，但第一人不参加循环投掷。

这种情况需要投掷几次才能对点是一个随机事件，不能保证最多投掷几次就必定能对点。

如果规定投掷一枚骰子，则

第二人不能对点的概率为 $1-\frac{1}{6}=\frac{5}{6}$；

第三人仍不能对点的概率为$\left(\frac{5}{6}\right)^2$；

第四人仍不能对点的概率为$\left(\frac{5}{6}\right)^3$；

余可类推。一般地，第n人仍不能对点的概率为$\left(\frac{5}{6}\right)^{n-1}$。

如果规定投掷两枚骰子，对点的概率要根据第一人投掷出的点数不同而分别计算，此处从略。

有趣的是，英国一位名叫阿里斯的业余天文学家设计出一种新型的骰子，用两颗骰子可以掷出从2到37之间的所有点数，并且每一点出现的概率都是$\frac{1}{36}$。用两颗这样的骰子来射覆，计算对点的概率就与掷一颗骰子一样变得简单了。

据谈祥柏先生主编的《趣味数学辞典》介绍，阿里斯的两颗骰子是这样的：

第一颗骰子的6个面上分别刻着：1，2，7，8，13，14；

第二颗骰子的6个面上分别刻着：1，3，5，19，21，23。

用这两颗骰子可以掷出从2到37之间的所有点数，而且每一种点出现的机会都相等。用$k(i, j)$表示掷出k点，i代表第一颗骰子的点数，j代表第二颗骰子掷出的点数，$k=i+j$，如下所示：

2(1，1)；3(2，1)；4(1，3)；5(2，3)；6(1，5)；7(2，5)；8(7，1)；9(8，1)；10(7，3)；11(8，3)；12(7，5)；13(8，5)；14(13，1)；15(14，1)；16(13，3)；17(14，3)；18(13，5)；19(14，5)；20(1，19)；21(2，19)；22(1，21)；23(2，21)；24(1，23)；25(2，23)；26(7，19)；27(8，19)；28(7，21)；29(8，21)；30(7，23)；31(8，23)；32(13，19)；33(14，19)；34(13，21)；35(14，21)；36(13，23)；37(14，23)。

阿里斯先生把这种新骰子取名为“伤心的骰子”。据说是由于阿里斯的女友背叛了他，女友的姓名与“正方形”有关。“男儿有泪不轻弹，只因未到伤心处。”大概因为女友过分地伤了阿里斯的心，阿里斯竟迁怒于一切与正方形有关的东西，当然也迁怒到正方形数（古代毕达哥拉斯学派称完全平方数为正方形数），所以在他的骰子上决不允许出现如4，9，16，25，…这些完全平方数，只有1是例外，因为1不但是平方数，也是立方数（$1^3=1$），四次方数，…，n次方数（$1^n=1$），可以另当别论。